国家自然科学基金项目“尾矿库溃坝事故安全预警阈值及应急准备基础研究”
(No. 71373245)资助出版

停用尾矿库上改建排土场工程风险论证及评估

中国安全生产科学研究院
李全明　赵祎　李钢　李倩 ◎ 著

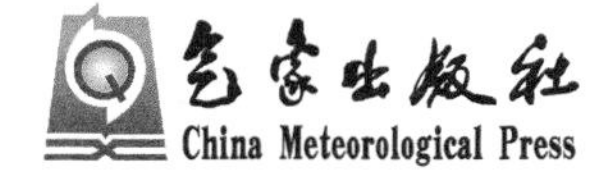

内 容 简 介

对尾矿库上覆排土场工程安全性进行论证和评估是尾矿库土地重复利用的前提，而现阶段相关实例很少，其安全性很难做出评估。本书提出“尾矿库上覆排土场工程”的工程类型，研究了该工程风险辨识、隐蔽工程质量评定、稳定性定量评价及物探相关技术，利用瞬变电磁探测技术对尾矿库、排土场进行探测，分析判定尾矿库固结程度及排土场废石堆积密实情况，判定尾矿坝位置、初期坝结构及浸润线分布规律，并根据探测地质剖面电阻率图准确判断同类工程中尾矿库和排土场的界线，计算其安全系数。本书建立的尾矿库上覆排土场工程风险评估技术可以指导尾矿库上改建排土场工程的安全评估，为全国类似工程的安全鉴定提供参考。

图书在版编目(CIP)数据

停用尾矿库上改建排土场工程风险论证及评估 / 李全明等著. -- 北京 : 气象出版社，2017.4

ISBN 978-7-5029-6528-0

Ⅰ.①停… Ⅱ.①李… Ⅲ.①尾矿-改建-排土场-工程施工-风险评价 Ⅳ.①TD228

中国版本图书馆 CIP 数据核字(2017)第 057311 号

Tingyong Weikuangku Shang Gaijian Paituchang Gongcheng Fengxian Lunzheng Ji Pinggu

停用尾矿库上改建排土场工程风险论证及评估

出版发行：气象出版社

地　　址：北京市海淀区中关村南大街 46 号　　**邮政编码**：100081

电　　话：010-68407112(总编室)　010-68409198(发行部)

网　　址：http://www.qxcbs.com　　**E-mail**：qxcbs@cma.gov.cn

责任编辑：彭淑凡　　**终　　审**：邵俊年

责任校对：王丽梅　　**责任技编**：赵相宁

封面设计：博雅思企划

印　　刷：北京中石油彩色印刷有限责任公司

开　　本：710 mm×1000 mm　1/16　　**印　　张**：8

字　　数：157 千字

版　　次：2017 年 4 月第 1 版　　**印　　次**：2017 年 4 月第 1 次印刷

定　　价：30.00 元

前　言

随着矿山资源的开发和不断利用，矿山企业排土场与尾矿库的重复建设占用了大量宝贵的土地资源。据不完全统计，我国20世纪50年代初建设起来的许多冶金矿山尾矿库现已达到或接近设计高度而面临闭库，如果能够将现有的或已闭库的尾矿库土地资源再利用，必将对矿山的建设发展产生重要的现实意义。随着我国政府对土地综合利用的更高要求，利用闭库尾矿库的土地资源修建排土场，提高土地资源的利用率，逐渐摆到议事日程。然而，尾矿库上兴建排土场将面临众多特殊的、难度高的安全生产科学问题。本书提出“尾矿库上覆排土场工程”的工程类型，研究了该工程风险辨识、隐蔽工程质量评定、稳定性定量评价及物探相关技术和方法。

尾矿库改建排土场，对尾矿库而言相当于在尾矿堆积体上加载，其直接结果是改变尾矿堆积体内部的应力水平，影响地下水渗流场分布规律，从而降低尾矿堆积体的稳定性，最终影响排土场的整体稳定。

目前常规尾矿坝隐患辨识方式不能为尾矿库土地重复利用安全技术评估提供判断依据。本书的研究紧紧围绕“尾矿库上覆排土场工程”的特殊性开展工作。利用瞬变电磁探测技术对尾矿库、排土场进行探测；根据探测到洞体及水体分布情况，分析判定尾矿库固结程度及排土场废石堆积密实情况；根据探测结果判定尾矿坝位置、初期坝结构及浸润线分布规律等。

通过开展尾矿库上覆排土场工程内部结构诊断和安全风险评价技术的研究，提出了尾矿库上覆排土场工程危险有害因素的辨识方法；提出了作为基础的尾矿库隐蔽工程质量、地基稳定性的分析方法；提出了尾矿库上覆排土场工程中“尾”和“排”结构界线综合界定技术；提出了深藏尾矿库浸润线埋深、固结程度的综合分析方法，提出了尾矿库上覆排土场工程整体稳定性的定量计算方法；提出了工程中排土场部分内部结构物探及结构安全综合鉴定技术。

本书立足“尾矿库上覆排土场工程”这一特殊工程，通过项目研究提升我国对于这一特殊工程安全问题的认识水平，可为今后在闭库尾矿库上修建排土场的安全鉴定提供重要依据，对于提高矿山企业土地综合利用水平、减少因地基不稳导致排土场滑坡事故的发生具有重要的意义。

目　录

第1章 概 述

受某公司的委托，中国安全生产科学研究院于2012年5—7月对“某公司停用尾矿库上改建排土场工程”进行了安全技术论证研究。项目组在现场调研的基础上，以国家相关法律法规、标准和技术规范为依据，参考国家相关规章制度和技术标准，借鉴国内其他尾矿库上建排土场工程的实际经验，本着实事求是、客观公正的原则，对项目进行了充分的研究和论证，完成了《某公司停用尾矿库上改建排土场工程安全技术论证报告》，并将研究成果编撰成书。

1.1 研究目的

为了贯彻“安全第一、预防为主、综合治理”的方针，使安全监管部门和企业准确掌握某公司排土场历史沿革，科学判断某公司停用尾矿库上改建排土场工程的安全状态和安全管理水平，为排土场今后稳定和安全运行提供参考和依据，保障矿山企业正常生产活动，减少和控制工程运行中的危险、有害因素，降低事故风险，预防事故发生，保障工程周边群众的生命财产安全和环境安全。尾矿库上建排土场工程属于特殊的尾矿库重复利用和排土场建设项目，应进行专门的安全论证。

通过开展对某公司停用尾矿库上改建排土场工程的安全技术论证研究工作，梳理该排土场历史沿革，准确把握排土场安全现状，分析其运行过程中存在的特殊危险、有害因素，预测可能发生的事故，特别是对尾矿库上覆排土场工程的安全性给出定量分析和结论，以便及时发现、减少与控制事故风险，并通过优选有关的安全措施和方案，全面提高排土场的安全管理水平。

1.2 研究对象和范围

本次安全论证研究的对象是某公司所属的在停用1#、2#尾矿库上改建的排土场。

论证范围是某公司停用1#、2#尾矿库上改建的排土场，以及对排土场安全有影响的区域。

1.3 研究内容

根据相关法律、法规、标准及其他要求(如企业管理文件等),查找和分析某公司停用尾矿库上改建排土场工程运行过程中存在的特殊的危险和有害因素,对运行过程中可能由不同因素导致的危险及危害程度进行了客观的论证,提出相应的安全技术措施和安全管理措施,对尾矿库闭库和再利用、排土场建设和运行至现在的安全性进行全面论证研究,为该公司对停用尾矿库上改建的排土场的安全管理提供参考和依据。

1.4 论证研判依据

1.4.1 法律法规、规范及标准

(1)《中华人民共和国安全生产法》(2002-11-01)

(2)《中华人民共和国环境保护法》(2000-04-01)

(3)《中华人民共和国矿山安全法实施条例》(1996-10-30)

(4)《尾矿库安全技术规程》(AQ 2006—2005)

(5)《尾矿库安全监督管理规定》(国家安全生产监督管理总局〔2011〕第 38 号)

(6)《建设项目安全设施“三同时”监督管理暂行办法》(国家安全生产监督管理总局〔2010〕第 36 号)

(7)《有色金属矿山排土场设计规范》(GB 50421—2007)

(8)《金属非金属矿山安全规程》(GB 16423—2006)

(9)《金属非金属矿山排土场安全生产规则》(AQ 2005—2005)

(10)《安全评价通则》(AQ 8001—2007)

(11)《地面瞬变电磁法技术规程》(DZ/T 0187—1997)

(12)《全球定位系统(GPS)测量规范》(GB/T 18314—2009)

(13)《测绘产品质量评定标准》(CH 1003—1995)

(14)关于转发国家安全监管总局办公厅关于切实加强尾矿库汛期安全生产工作的通知(吉安监管非煤〔2012〕111 号)

1.4.2 企业提供的资料

(1)长春黄金设计院《某公司停用尾矿库上改建排土场工程可行性研究报告》(2012 年 2 月)

(2)中冶沈勘工程技术有限公司《某公司尾矿库岩土工程勘察技术报告书》(详勘阶段,2008 年 9 月)

(3)中冶沈勘工程技术有限公司《某公司废石堆场岩土工程勘察报告》(详勘阶段,上、下册,2010 年 6 月)

(4)吉林市长泓水利工程有限公司,某公司尾矿库 1# 溢流井、2# 溢流槽封堵工程砼开盘鉴定、砼搅拌浇筑记录、隐蔽施工检查记录、材料合格证、试验报告见证取样记录、检验批、分部分项、单位工程验收报告等土建资料(2010 年 12 月)

(5)中国冶金矿业鞍山冶金设计研究院有限责任公司《某公司尾矿库闭库工程设计》(2009 年 9 月)

1.5 论证研究程序

某公司停用尾矿库上改建排土场工程安全技术论证研究工作程序如下。

(1)准备阶段:资料收集、熟悉资料,尤其是企业的相关规定及操作规程等、现场调研,主要了解排土场运行状况及企业相关安全管理现状、安全检查、专家咨询。

(2)实施阶段:现场地质勘察、尾砂物理力学实验、数值模拟计算、危险有害因素辨识与分析、论证方法选择、安全技术论证。

(3)报告编制及评审阶段:确定安全对策措施及建议;确定论证结论;编写安全技术论证报告;报告评审等工作。

第 2 章 某公司停用尾矿库上改建排土场工程概况

2.1 企业概况

某公司钼(Mo)矿是 1954 年由地质部沈阳地质局一一四队勘探发现的，全国储委于 1958 年 9 月 24 日以第 184 号文批准的资源储量为：表内 A+B+C+D 矿石量 1 655 592 kt，金属量：Mo 1 091 034 t，平均品位 0.066%；伴生矿产金属量：Cu 490 081 t、S 25 327 kt、Au 17 t、Ga 16 556 t、Re 13 t。表外 A+B+C+D 矿石量 514 662 kt，金属量：Mo 125 660 t，平均品位 0.024%；伴生矿产金属量：Cu 140 686 t、S 9 489 kt、Au 7.1 t、Ga 5 147 t、Re 1 t。工业指标为：Mo 边界品位 0.02%、最低工业品位 0.04%，最低可采厚度 2 m，夹石剔除厚度 4 m。为亚洲第二大钼矿。

近年来，该公司几经改造扩建，企业生产规模得到快速发展，2010 年底，公司 13 500 t/d 扩建项目如期竣工，并投入试运行，标志着公司已经跨入了大型国有矿山企业的行列。

2.2 停用尾矿库上改建排土场工程概况

2.2.1 地理位置

该公司位于吉林省吉林市境内，北距吉林市区 60 km，隶属永吉县西阳镇前撮落村。其地理坐标为东经 126°16′00″，北纬 43°29′00″。

矿区交通便利，有沈吉铁路及公路通过矿区，矿体距沈吉铁路线最近的长岗火车站 4 km，沈吉公路平行于沈吉铁路，为沥青路面。图 2-1 为矿区地理位置图。

图 2-1　矿区地理位置

2.2.2　地形地貌

矿区地形东、南、北三面环山，西面较开阔，矿体位于中部低平地带。矿区外为山势平缓的丘陵地带，海拔标高 360～450 m。矿区内谷地中央一般均比较开阔平坦，种植有水、旱田。山坡上杂草、灌木丛生。

某公司原 1#、2# 尾矿库上改建排土场工程位于选厂西北约 2 km 处的后撮落村东面的山谷中。场地地形为坡地，地势起伏较大，地面高程为 340.57～356.99 m，地貌为低山丘陵。外围共有三个村庄，其中撮落新村位于排土场西偏南方向约 254 m 处，位于排土场上游；后撮落村位于排土场西北部约 777 m 处，位于排土场下游，撮落村四队位于库区东北侧约 534 m 处，位于排土场下游。

图 2-2 所示为原 1#、2# 尾矿库地形图。

1# 尾矿库依附在 2# 尾矿库的南侧，两库相邻。1# 尾矿库无设计，1# 库的地形俯视呈“扇形”地貌，三面低山环抱。该库址是由一个鱼塘改造而成。1# 库库容约为 80 万 m^3，介于 0～100 万 m^3。坝高 25 m，介于 0～30 m，根据《尾矿库安全技术规程》(AQ 2006—2005)，该库为五等库。1# 库的初期坝南侧坝顶标高在 413.7 m，西侧标高在 423.67 m，北侧标高在 420.8～416 m，初期坝环绕库区周围筑坝。筑坝材料为上层少部分粉质黏土，大部分为碎石含黏土堆筑而成。暴雨进入库区的汇水面积为 0.11 km^2。

图 2-2 原 1#、2# 尾矿库地形图

2# 尾矿库地形俯视呈“弹头”形，无设计，库北端窄、南侧宽，三面筑坝为南侧临山的尾矿库。2# 尾矿库库容约为 450 万 m^3，介于 100 万～1000 万 m^3。初期坝坝顶标高 351 m，坝底标高为 343 m，初期坝高 8 m，尾矿坝总高度 33.5 m，介于 30～60 m，坝长 200 m。根据《尾矿库安全技术规程》，该库为四等库。坝体材料为碎石含黏土筑坝。库区南侧为山坡，北侧为山沟出口，地面低洼，南侧与北侧高差为 30 m，南北长度为 0.5 km，暴雨进入库区的汇水面积为 0.2 km^2。

2.2.3 气候条件

矿区属北温带大陆性季风气候，主要气候特点是四季分明，春季干燥多风，夏季温暖多雨，秋季少雨降温快，冬季寒冷漫长。年平均气温 4.8℃，绝对最高气温 34.9℃，绝对最低气温 −35.8℃。历年平均降雨量 649.6 mm，日最大降雨量 68.8 mm；年均蒸发量 1376.3 mm；年降雪日数 39.5 d，最大降雪深度 40 cm；冻层深度 160 cm；常年主导风向为 NNW（北北西），年平均风速 2.9 m/s，最大风速 18.7 m/s。

2.2.4 工程地质条件

2008 年 9 月、2010 年 6 月中冶沈勘工程技术有限公司先后完成了对 1#、2# 尾矿库以及排土场的勘察，并提供了《某公司尾矿库岩土工程勘察技术报告书》及《某公司废石堆场岩土工程勘察报告》。其中前者勘察内容主要针对 1#、2# 尾矿库内进行勘察，意在为闭库设计提供依据；后者主要针对库外征地范围的地基及所堆筑废石进行工程地质勘察。上述报告构成本次安全技术论证的地质勘察依据。现根据上述勘察报告对排土场工程地质情况介绍如下。

2.2.4.1 尾矿库库内工程地质条件

(1)尾矿坝堆积物的组成及其分布规律

根据钻探资料，场地地层主要由素填土、尾矿堆积物及天然地层组成。其中素填土主要由山皮土、碎石、块石以及黏性土组成；尾矿堆积层主要由尾细砂和尾粉砂组成。在尾粉砂中夹有 3 个亚层：尾粉土、尾黏土和尾粉质黏土。尾矿堆积物在水平方向上及在垂直方向上都较均匀，但其中薄夹层很多，有的呈透镜体出现。总体来看，堆积有一定规律，但各层之间犬牙交错，微细薄层很多。

在尾矿堆积层的下部为天然地层，主要由粉质黏土、碎石含黏土及花岗岩组成。详细地层综合描述如下。

①素填土：主要由山皮土、碎石、块石以及黏性土等组成，松散。

$①_1$素填土：该层在初期坝部位，主要由块石、碎石以及黏性土组成，一般粒径 40～60 mm，最大粒径 160 mm，充填 20%左右的黏性土，稍湿，松散。

②尾细砂：黄褐色—灰绿色，主要矿物成分为石英、长石等，棱角形，分选不佳，一般为均粒结构，并具较明显的交错层理，局部有尾黏土及尾粉砂薄夹层，呈松散—稍密状态，稍湿。

③尾粉砂：黄褐色—灰绿色，主要矿物成分为石英、长石等，棱角形，分选不佳，一般为均粒结构，并具较明显的交错层理，局部有尾黏土、尾粉土以及尾细砂薄夹层，呈松散—稍密状态，水上稍湿，水下饱和。

③-1 尾粉土：灰绿色，无光泽，干强度低，韧性低，摇震反应迅速，松散，稍湿。

③-2 尾粉土：灰绿色，无光泽，干强度低，韧性低，摇震反应迅速，松散—稍密，水上稍湿，水下饱和。

③-3 尾黏土：灰绿色，有光泽，干强度高，韧性高，摇震反应无，局部夹尾粉土及尾粉砂薄层，软塑。

④尾粉砂：黄褐色—灰绿色，主要矿物成分为石英、长石、白云石等，棱角形，分选不佳，一般为均粒结构，并具较明显的交错层理，局部有尾黏土、尾粉土以及尾细砂薄夹层，呈稍密状态，水上稍湿，水下饱和。

④-1 尾粉土：灰绿色，无光泽，干强度低，韧性低，摇震反应迅速，稍密，饱和。

④-2 尾黏土：灰绿色，有光泽，干强度高，韧性高，摇震反应无，局部夹尾粉土及尾粉砂薄层，软塑。

④-3 尾粉质黏土：灰绿色，稍有光泽，干强度中等，韧性中等，摇震反应无，局部夹尾粉土及尾粉砂薄层，可塑。

⑤粉质黏土：黄褐色，摇震反应无，稍有光泽，干强度中等，韧性中等，含15%左右的碎石和角砾，可塑。

⑥碎石含黏土：由结晶岩组成，棱角形，混粒结构，级配差，一般粒径 20～40 mm，最大粒径 120 mm，充填约 15%的混粒砂及黏性土，中密。

⑦花岗岩（中风化）：黄褐色—灰褐色，主要由石英、长石等矿物组成，中、粗粒结构，块状构造，节理裂隙发育，岩芯呈碎石、短柱状，中风化。

（2）尾矿堆积层及天然地层的物理力学性质分析

从统计表可知：②尾细砂、③尾粉砂、③-1 尾粉土、③-2 尾粉土呈松散状态；④-1 尾粉土、④尾粉砂呈稍密状态；③-3 尾黏土、④-2 尾黏土呈软塑状态，具高压缩性；④-3 尾粉质黏土、⑤粉质黏土呈可塑状态，具高压缩性；⑥碎石含黏土呈中密状态；⑦花岗岩呈中风化状态。

根据土工试验结果，在尾矿库的稳定性分析中，土的物理力学性质指标可按表 2-1 推荐值采用。从土分析试验结果可以看出，该尾矿堆积层在垂直方向的天然密度和干密度从上到下由小变大，孔隙比变小，含水量由小变大明显。

2.2.4.2 地层地质条件

①$_2$耕土：主要由黏性土及植物根系组成，松散。该层分布连续，层厚 0.3～0.7 m。

⑤粉质黏土：黄褐色，摇震反应无，稍有光泽，干强度中等，韧性中等。含15%左右的碎石和角砾，可塑。该层分布连续，层厚 0.9～11.4 m。

⑥碎石含黏土：由结晶岩组成，棱角形，混粒结构，级配差，一般粒径 20～40 mm，最大粒径 120 mm，充填约 15%的混粒砂及黏性土，中密。该层分布不连续，最大层厚 6.5 m。

⑦$_1$花岗岩（全风化）：黄褐色—灰褐色，主要矿物成分为长石（斜长石、钾长石）、石英，岩芯呈砂土状，湿，中密。该层分布连续，层厚 25.8～42.00 m。

⑦花岗岩（中风化）：黄褐色—灰褐色，主要矿物成分为长石（斜长石、钾长石）、石英，中粗粒结构，块状构造，节理裂隙较发育，岩芯呈短柱状、碎块状，锤击可碎，为较破碎较软岩，岩体基本质量等级为Ⅳ级，中风化。该层分布连续，勘探深度内未穿透，最大揭露层厚 7.1 m。

场地除①$_2$耕土呈松散状态，不宜做天然地基外，其余各层土均可做天然地基。其地基承载力特征值 f_{ak}及压缩模量 E_s（变形模量 E_o）可采用下列数值：

⑤粉质黏土	f_{ak}=160 kPa	E_s=5.0 MPa
⑥碎石含黏土	f_{ak}=580 kPa	E_s=38.5 MPa
⑦$_1$花岗岩（全风化）	f_{ak}=400 kPa	E_s=33.5 MPa
⑦花岗岩（中风化）	f_{ak}=1500 kPa	

表 2-1 土的物理力学性质指标推荐表

地层编号	地层名称		天然含水率	质量密度	重力密度	孔隙比	抗剪强度指标		相对密度	水平渗透系数	竖向渗透系数
							黏聚力	内摩擦角			
			ω	ρ	γ	e	C	ϕ	D_r	K_h	Kv
			(%)	(g/cm^3)	(kN/m^3)		(kPa)	(°)		(cm/s)	(cm/s)
②	尾细砂	水上	9.5	1.59	15.6	0.825	2.3	30.9	0.50	3.1e-3	5.5e-3
③	尾粉砂	水上	17.5	1.72	16.8	0.823	1.6	29.0	0.55	4.0e-4	3.5e-4
		水下	23.0	2.01	19.7	0.634	0.9	32.7	0.50	6.2e-4	5.5e-4
③-1	尾粉土	水上	28.0	1.92	18.8	0.780	24.6	26.2	0.50	9.9e-5	3.4e-4
③-2	尾粉土	水上	22.3	1.83	17.9	0.785	18.5	27.3	0.52	9.1e-5	1.7e-4
③-3	尾黏土	水上	42.0	1.75	17.2	1.154	15.3	12.8		9.7e-7	4e-7
④	尾粉砂	水下	23.4	1.92	18.8	0.707	2.4	29.9	0.56	6.1e-4	6.7e-4
④-1	尾粉土	水下	27.0	1.92	18.8	0.753	21.7	25.7	0.55	0.8e-4	3.1e-4
④-2	尾黏土	水下	42.0	1.76	17.2	1.130	46.4	7.3		2e-7	8e-7
④-3	尾粉质黏土	水下	40.3	1.78	17.4	1.076	28.8	9.9		8.7e-7	8.2e-7
⑤	粉质黏土		36.8	1.78	17.4	1.03	10.1	24.0		8.5e-7	7.0e-7
初期坝(滤水堆石坝)			10	1.90	18.6	0.80	2.0	28.0		5.0e-3	6.5e-3

土层的质量密度 ρ(g/cm³)、黏聚力 C(kPa)、内摩擦角 ϕ(°)如下:

⑤粉质黏土	ρ=1.89 g/cm³	C=44.5 kPa	ϕ=14.6°
⑥碎石含黏土	ρ=2.04 g/cm³	C=0.0 kPa	ϕ=35.0°
⑦$_1$花岗岩(全风化)	ρ=2.02 g/cm³	C=0.0 kPa	ϕ=34.0°
⑦花岗岩(中风化)	ρ=2.65 g/cm³	C=0.0 kPa	ϕ=36.0°

2.2.4.3　*废石堆积体试验*

根据《某公司废石堆场工程现场及室内试验报告》得知,排土场顶部试料密度值较大,是由重型运料卡车反复运料碾压造成的,顶层深部密度值将变小些。

综合现场及室内压缩试验结果,废石堆积体的颗粒密度 ρ(干密度,g/cm³)、黏聚力 C(kPa)、内摩擦角 ϕ(°)、压缩模量 E_s 建议按下值采用:

ρ=2.11 g/cm³　　C=0.0 kPa　　ϕ=35.0°　　E_s=24.88 MPa

根据试验结果,废石堆场粒度分布特点如下:

废石堆场堆积过程中,岩块自然分级明显,由于其重力的作用,大块岩石滚至坡底,而小块岩石则留在坡上部。上部平均粒径为25.3 mm,中部平均粒径为37.7 mm,下部平均粒径>293 mm。

废石堆场上部粒度级配良好的比例要高,中部级配良好比例低,下部属不均匀分布,特别是下部块石孔隙大,多为空架,中间无小颗粒充填。整体上看废石堆场粒度级配不均匀。

2.2.5　水文地质条件

该区地下水主要类型为第四系孔隙潜水,靠大气降水、地下径流及河流诱导补给。

根据《某公司废石堆场岩土工程勘察报告》可知,勘察期间所有钻孔在勘探深度内均遇见地下水,其类型为上层滞水。该地下水主要赋存在⑤粉质黏土层中,稳定水位埋深为0.30～3.70 m,相应标高为339.37～354.89 m。该地下水以大气降水为补给来源。根据水质分析结果判定:该地下水对混凝土结构及钢筋混凝土结构中钢筋有微腐蚀性。

另依据2008年9月中冶沈勘工程技术有限公司完成的《某公司尾矿库岩土工程勘察技术报告书》可知,勘察期间,该尾矿坝浸润线深度为1.0～21.6 m。但由于排土场的建设,作为排土场基础的尾矿库固结程度进一步增强,浸润线深度可依据物探结果分析。

根据所取土试样的垂直、水平方向渗透试验的统计结果可知,②尾细砂和③尾粉砂、③-1尾粉土、③-2尾粉土、④尾粉砂、④-1尾粉土为透水层,③-3尾黏土、④-2尾黏土、④-3尾粉质黏土为弱透水层。该尾矿堆积层的渗透系数一般来讲水平方向较垂直方向变化不大。尾矿堆积层的渗透性从上到下有从大到小的趋势。

2.2.6 场地地震效应

根据《某公司废石堆场岩土工程勘察报告》可知，场地抗震设防烈度为7度，设计基本地震加速度值为0.10 g，设计地震分组为第一组。场地土类型为：①$_2$耕土为软弱土；⑤粉质黏土为中软土；⑥碎石含黏土、⑦$_1$花岗岩（全风化）为中硬土；⑦花岗岩（中风化）为岩石。建筑场地类别为Ⅱ类，设计特征周期为0.35 s。场地不存在饱和砂土和饱和粉土，可不考虑液化问题，为可以建设的一般场地。勘察区域存在两条岩石破碎带，各破碎带产状要素依次为：F1走向西南—东北，倾向西北，倾角65°，宽度10～20 m；F2走向基本西北—东南，倾向东北，倾角50°，宽度10～25 m。

根据《某公司尾矿库岩土工程勘察技术报告书》可知，尾矿库场地抗震设防烈度为7度，设计基本地震加速度值为0.10 g，设计地震分组为第一组。场地存在饱和尾砂土，根据标贯试验结果，可判别场地饱和砂土在深度20 m范围内不液化。

2.2.7 排土场运行现状

（1）排土场排土现状

该排土场自投入使用至今，共计排土量约1180.8万m^3。公司严格按照长春黄金设计院提供的《停用尾矿库上改建排土场工程可行性研究报告》中的堆场设计方案进行排土施工。该排土场为阶段覆盖式排土场，共设计12个台阶（350～460 m），现已完成9个台阶（350～430 m）的施工量。每个台阶高度10 m，安全平台宽度不小于10 m。

排土作业顺序为：由下至上单台阶排土作业，每个排土台阶向前推进过程中，通过推土机、自卸矿车多次碾压，使得排土台阶均匀压实。排土场一般采用两班工作制度，每班8小时，每班设专职现场指挥员一名，指挥现场排土作业。

目前排土场施工在430 m作业平台，形成卸载平台反坡度3%～4%，沿台阶坡顶线设有石渣安全挡墙。

目前企业已经将排土场第一个台阶边坡修整完成，修整后的边坡坡度为1∶75。图2-3和图2-4为修坡现场照片。其余排岩边坡均为临时边坡，其坡度为1∶1，施工完成的台阶之间已经铺设临时联络道，以便于巡查和排除各台阶安全隐患。

图 2-3　修整边坡工作现场照片

图 2-4　修整后的边坡一角的照片

(2)排土场主要安全设施设备

①排土场排水设施

公司在排土场周边的边坡脚附近设环绕排土场的浆砌石排水沟，作为排土场的主排水设施，如图 2-5 所示。主排水沟净断面尺寸为 1 m×1.1 m，全长 3450 m。目前环绕排土场的主排水沟未完全修建。已形成的排土场台阶及坡面上未修建排水沟。

图 2-5 主排水沟局部照片

排土场下游设 10 m×5 m×2 m 浆砌石收集水池，排土场排水设施排出的雨水汇入该集水池后，由水泵送至生产系统循环使用，如图 2-6 所示。

图 2-6 集水池、水泵照片

②排土场动态监测设施

目前，排土场台阶已形成至 430 m，未安装排土场动态监测设施，无人工位移监测手段。

③照明与通信设施

在目前排土工作面，为了便于排土场的夜间排石作业与安全管理，在排土线的左后方约 200 m 位置设置一盏移动探照灯，照明电压 220 V，如图 2-7 所示。

公司负责排土场安全管理的人员每人配备移动通信电话，随时与负责安全生产的领导及外界保持联系。

图 2-7　探照灯照片

④堆场安全管理

公司建立了《2012 年某公司排土工程安全技术措施计划》《排土场安全生产检查制度》《汽车司机安全操作规程》《推土机司机安全操作规程》《铲车安全操作规程》《挖掘机安全操作规程》《排土场检查表》等相关安全管理制度。

2.3 尾矿库及排土场工程历史沿革

关于该排土场的历史沿革见表 2-2。

表 2-2 尾矿库及后续排土场工程历史沿革

项目	时期	备注
1# 尾矿库	1987—1994 年	无设计
2# 尾矿库	1993—2008 年	无设计
尾矿库岩土工程勘察技术报告	2008 年 9 月	中冶沈勘工程技术有限公司
1#、2# 尾矿库安全现状评价报告	2009 年 7 月	吉林某安全评价有限公司
尾矿库闭库设计	2009 年 9 月	鞍山冶金设计研究院有限责任公司
废石堆场岩土工程勘察报告	2010 年 6 月	中冶沈勘工程技术有限公司
排土场投入使用	2010 年	
国家安全生产监督管理总局办公厅关于在停用尾矿库上建设排土场问题的复函	2011 年 3 月	
停用尾矿库上改建排土场工程可行性研究报告	2012 年 2 月	长春黄金设计研究院。2010 年做初步设计，后改为可行性研究报告

根据表 2-2 梳理尾矿库及后续排土场的历史沿革，可以得到如下结论：

(1)1# 和 2# 尾矿库最初无设计资料，这是因为 2 个尾矿库是设计时间较早，二十世纪八九十年代的许多尾矿库均未经过正规设计。

(2)2# 尾矿库运行至尾声时，进行了岩土工程勘察，并于 2009 年 9 月补充了尾矿库闭库设计，但闭库工程未履行验收评价及闭库许可手续。

(3)尾矿库重新启用暨改为排土场工程，按照法规标准要求应进行技术论证、工程设计和安全评价，企业于 2010 年和 2012 年委托长春黄金设计研究院作了可行性研究报告并出了排土作业设计图，2010 年排土场按照设计院排土设计图进行了排土。

综上所述，企业在尾矿库闭库、重新启用改建排土场未严格按照“三同时”要求，该省对此情况和排土场的安全高度重视，本着对安全生产高度负责，对企业高度负责的原因，委托中国安全生产科学研究院，对在停用尾矿库上改建的排土场的安全性进行全面论证，从而给出科学合理的监管对策。

第3章 停用尾矿库上改建排土场工程危险、有害因素辨识与分析

《尾矿库安全技术规程》(AQ 2006—2005)中明确规定，在用尾矿库进行回采再利用或经批准闭库的尾矿库重新启用或改作他用时，应按照《尾矿库安全技术规程》第5章尾矿库建设的规定进行技术论证、工程设计、安全评价。

准确科学地辨识和分析某公司停用尾矿库上改建排土场工程实施和今后运行中存在的危险、有害因素，是科学合理地开展项目安全技术论证工作的关键，因此，项目组针对停用尾矿库上改建排土场工程的特点和实际情况，经过慎重讨论和分析，提出某公司在原尾矿库区域上改建排土场工程存在的危险有害因素，并进行了系统的讨论和分析。

3.1 国内类似的尾矿库改建排土场工程类比分析

2008年中国安全生产科学研究院完成了某某股份有限公司所属的金铜矿原尾矿库区域土地重复利用工程安全预评价工作。鉴于某公司停用尾矿库上改建排土场工程与此工程类似，因此先以某某股份有限公司金铜矿原尾矿库区域土地重复利用工程进行类比分析。

某某股份有限公司是一家以黄金及有色金属矿产资源勘察和开发为主的大型矿业集团，是中国控制金属矿产资源最多的企业、中国最大的黄金生产企业、中国第三大矿产铜生产企业、中国六大锌生产企业之一。

某某股份有限公司金铜矿废石场场区上游段已建有尾矿库，此库为矿山原尾矿库，始建于1995年，初期坝为碾压式土石坝，筑坝材料为含碎石粉质黏土，坝高20 m，设计主坝高73.50 m，设计库容127.81万m^3，属三等尾矿库。某某股份有限公司根据矿山发展的需要，公司规划拟将其尾矿库所在的场区改造成废石场，堆存矿山废石及水浸渣。

考虑到该项工程的特殊性与重要性，不同的尾矿地基上建废石场都必须根据工程的实际条件进行有针对性的研究，从各个方面充分论证工程是否可行，从而为工程的建设提供依据。

对此工程而言，堆积尾矿为松散尾砂或粉质黏土，固结程度低，其上部堆废

石，堆积尾矿相当于软土地基，应采取工程措施进行加固处理。为此，应对堆积尾矿进行工程地质勘察，取得堆积尾矿的物理力学性质等资料，再进行工程处理和稳定验算。

某某股份有限公司原尾矿库堆积尾矿有用成分含量较低，再利用价值不大，尾矿库上部堆废石不会对资源利用及环境造成大的影响；更为重要的是，尾矿库上建废石场能够节约大量宝贵的土地资源。同时，尾矿场改为废石场的一部分，具有大量的废石可做加固处理材料，同时尾矿库具备加固处理的地形条件。2008 年 1 月，中冶长天国际工程有限责任公司完成了《某某股份有限公司金铜矿原尾矿库区域土地重复利用工程可行性研究报告》，认为在原尾矿库尾矿地基上建废石场是可行的，并提出了详细的金铜矿原尾矿库区域土地重复利用工程设计方案。

中国安全生产科学研究院评价组根据某某股份有限公司金铜矿原尾矿库区域土地重复利用工程的危险、有害因素辨识结果，将土地重复利用工程安全预评价工作分为地面总体布局评价单元、废石场构筑物结构型式评价单元、废石场边坡稳定评价单元、废石场防洪安全评价单元、土地重复利用工程中原尾矿库安全评价单元、废石场地震稳定及尾砂地震液化评价单元、防排渗设施评价单元，分别利用安全检查表法、拟静力极限平衡法、强度折减边坡稳定分析方法、预先危险性分析法（PHA）、洪水计算、事故树分析法、稳定性计算方法、经验评判方法等对各单元进行评价。

其评价结论描述如下：

某某股份有限公司金铜矿废石场排土工艺、排土顺序、排土场的阶段高度、总堆置高度、安全平台高度、总边坡角等参数能够满足规范要求；金铜矿原尾矿库区域土地重复利用工程中废石场最终剖面安全系数最低为 1.433，能够满足规范规定的稳定性要求。废石场建设初期，可利用原尾矿库现有排洪系统排洪，原尾矿库排洪系统排洪能力能满足废石场初期排洪要求，但应保证这期间排洪系统的正常运行，避免发生排洪能力失效的事故；金铜矿原尾矿库区域土地重复利用工程中原尾矿库坝坡加固方案合理；在金铜矿原尾矿库区域土地重复利用工程中，原尾矿库的尾矿坝受地震荷载作用发生地震液化的可能性较小。

可以肯定的是金铜矿原尾矿库区域土地重复利用工程可研报告中的初步方案合理可行。但是，其设计部门和企业应在初步设计中重点考虑如下内容：

（1）废石场设计中明确规定了排土场排土工艺、排土顺序、排土场的阶段高度、总堆置高度、安全平台高度、总边坡角及相邻阶段同时作业的超前堆置距离等参数，废石滚落可能的最大距离未见规定，应在后续进一步设计中补充。

（2）设计中考虑了原尾矿库对废石场安全的各种影响，建议初步设计对废石场堆填过程中尾矿坝的极限承载力是否满足整体稳定的要求进行验算和校核。

(3)可研中规定应后期配备必要的人员保护用品,并设置了位移观测设施。由于浸润线是尾矿库安全的生命线,尾矿库的固结程度直接影响废石场的基础牢固,因此,建议在观测设施中增加废石场前期和中期对于尾矿库浸润线的观测设施,该建议宜在初步设计中考虑。必要时采取加速排水措施,保证尾矿坝的充分固结和稳定。

(4)在原尾矿库排洪设施封堵前,应按照《尾矿库安全技术规程》要求,在汛期前腾空调洪库容,严格按照三等尾矿库的度汛要求正常管理。

(5)由于废渣堆放施工工艺等因素对边坡稳定性影响较大,初步设计中需要根据堆放工艺进行相关的边坡稳定性数值模拟分析,并保证整个废石场堆筑期内的废石场整体稳定。

(6)金铜矿原尾矿库区域土地重复利用工程中废石场较高,虽然处于地震烈度 6 度地区,为了确保废石场在地震荷载作用下的安全与稳定,评价组建议在土地重复利用工程的初步设计阶段,定量计算废石场在地震荷载作用下的稳定性问题,并明确废石场的抗震设计标准,以便于运行期废石场的防震管理。

3.2 主要危险有害因素辨识与分析

3.2.1 排土场地震失稳及尾砂地震液化

某公司停用尾矿库上改建排土场工程规划在 2# 库西、北、东三侧外侧自然地面排放一部分废石,大部分排土场坐落在尾矿地基上,废石场最终堆积高度设计为 120 m,这样的废石场,应考虑地震荷载作用下的稳定性问题,必须保证在地震荷载作用下不发生失稳破坏,导致灾难性的事故。

尾矿坝同一般碾压堆石坝相比,筑坝材料相对疏松,更容易发生液化破坏。饱和砂土或尾矿泥受到水平方向地震运动的反复剪切或竖直方向地震运动的反复振动,土体发生反复变形,因而颗粒重新排列,孔隙率减小,土体被压密,土颗粒的接触应力一部分转移给孔隙水承担,孔隙水压力超过原有静水压力,使土体在有效应力相等时,动力抗剪强度完全丧失,变成黏滞液体,这种现象称为砂土振动液化。经验表明,影响砂土液化最主要的因素为土颗粒粒径、砂土密度、上覆土层厚度、地震强度和持续时间、与震源之间的距离及地下水位等。

3.2.2 因在停用尾矿库上建排土场存在的危险有害因素

2008 年某公司扩建 13 500 t/d 工程实施后,矿山露天剥离排土场占地一直未得到解决。为不影响企业正常生产,公司提出在 1#、2# 尾矿库上改建排土场。

图 3-1 为该排土场纵剖面示意图。

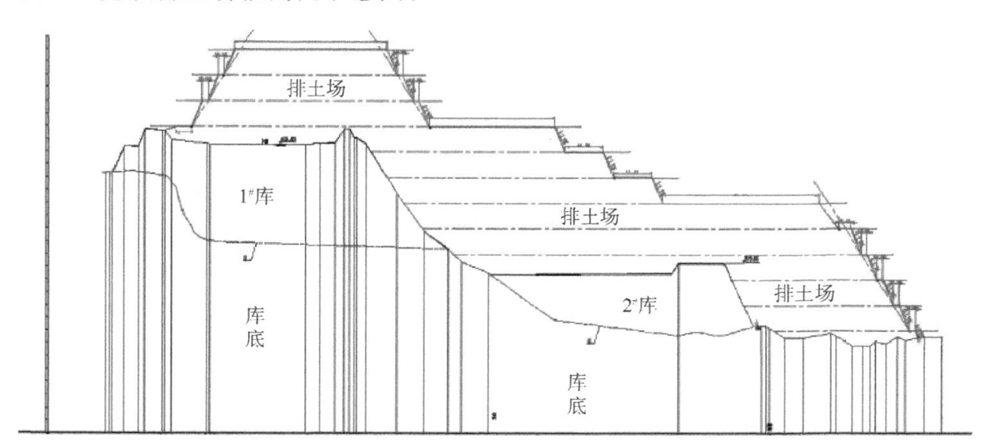

图 3-1 排土场纵剖面示意图

尾矿库上建排土场，对尾矿库而言相当于在尾矿堆积体上加载，其直接结果是改变尾矿堆积体内部的应力水平，影响地下水渗流场分布规律，从而降低尾矿堆积体的稳定性，最终影响排土场的整体稳定。

尾矿库上堆积废石后，尾矿承受较大的压应力，应力超过其极限荷载，将产生较大的塑性变形，产生流滑，这对于上覆废石堆来说无疑相当于基础不稳，从而导致排土场整体失稳。

尾矿坝堆坝材料为细砂，其渗透能力较小，如果上覆荷载增长过快，将会在尾矿坝坝体内部产生较大的超孔隙水压力，超孔隙水压力的不断上涨，将使得颗粒与颗粒之间的咬合力大幅度降低，减少了尾矿砂相互作用的有效应力，降低了抗剪强度，对于整个排土场的稳定性来说不利。

尾矿库固结程度不好，相当于排土场坐落在一个软化的地基上，使排土场容易产生滑坡和泥石流灾害。

3.2.3 排土场边坡失稳

某公司停用尾矿库上改建排土场工程中，排土场在堆积的过程中不同堆积高度均存在着排土场边坡稳定性问题，排土场边坡稳定性是影响改建排土场工程安全的关键问题之一。

自然边坡的破坏方式可分为崩塌、滑坡和滑塌等几种类型。

(1)崩塌

崩塌是指块状岩体与岩坡分离向前翻滚而下。在崩塌过程中，岩体无明显滑移面，同时下落的岩块或未经阻挡而落于坡角，或于斜坡上滚落、滑移、碰撞，最后堆积于坡角处，如图 3-2 所示。

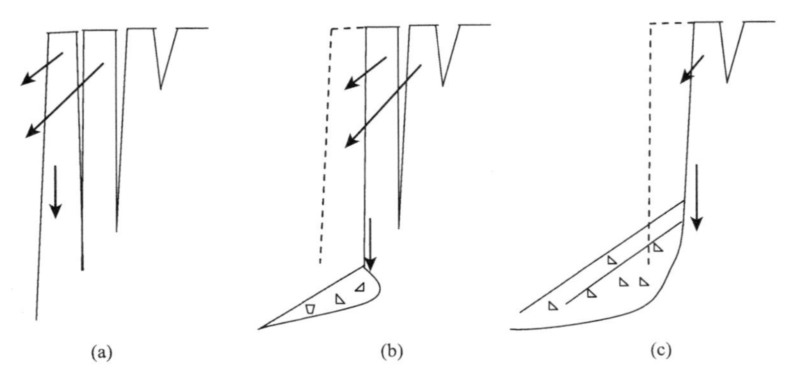

图 3-2　崩塌过程示意图

排土场边坡的崩塌常发生于既高又陡的边坡前缘地段。高陡斜坡和陡倾裂隙，系由斜坡前缘的裂隙卸荷作用由基座蠕动造成斜坡解体而形成。这些裂隙在表层蠕动作用下，进一步加深、加宽，并促使坡脚主应力增强，坡体蠕动进一步加剧，下部支撑力减弱，从而引起崩塌。崩塌形成的岩堆给其后侧坡角以侧向压力，再次发生崩塌的突破处将上移。所以，崩塌具有使斜坡逐次后退、规模逐渐减小的趋势。

产生崩塌的原因，主要是由于岩体在重力与其他外力共同作用下超过岩体强度而引起的，其他外力包括由于裂隙水的冻结而产生的楔开效应、裂隙水的静水压力、植物根须的膨胀压力以及地震、雷击等的动力荷载等。特别是地震引起的坡体晃动和大暴雨渗入使裂隙水压力剧增，甚至可使被分割的岩体突然折断，向外倾倒崩塌。自然界的巨型山崩，总是与强烈地震或特大暴雨相伴。

（2）滑坡

滑坡是指岩土体在重力作用下，沿坡内软弱结构面产生的整体滑动。与崩塌相比，滑坡通常以深层破坏形式出现，其滑动面往往深入坡体内部，甚至延伸到坡脚以下。根据滑面的形状，其滑坡形式可分为平面剪切滑动和旋转剪切滑动。

平面剪切滑动的特点是块体沿着平面滑移。它的产生是由于这一平面上的抗剪力与边坡形状不相适应。这种滑动往往发生在地质软弱面的走向平行于坡面，产状向坡外倾斜的地方。根据滑面的空间几何组成，平面滑动存在简单平面剪切滑动、阶梯式滑坡、三维楔体滑坡和多滑块滑动几种破坏模式，如图 3-3 所示。

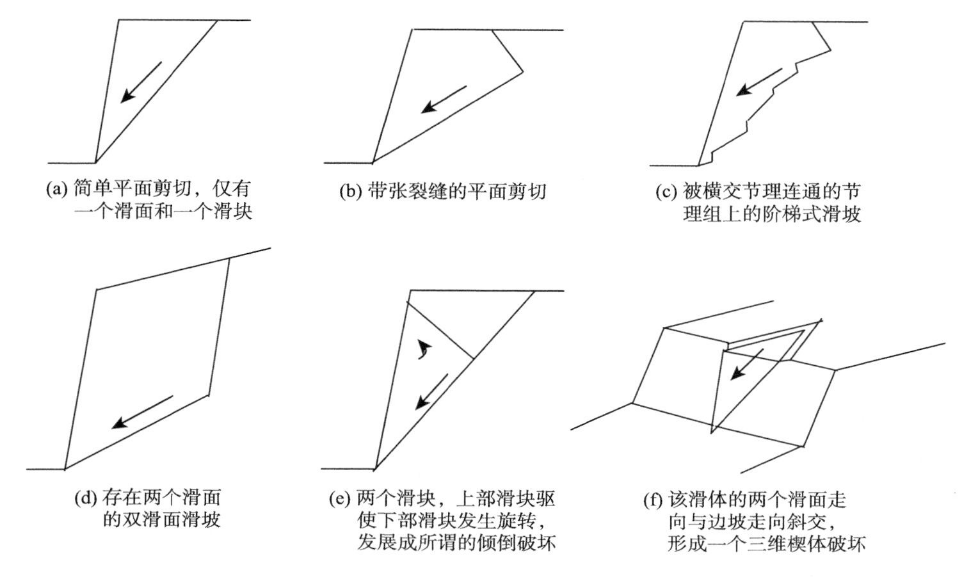

图 3-3 平面剪切滑坡及其分类

(3)滑塌

松散废石的坡角 β 大于它的内摩擦角 ϕ 时，因表层蠕动进一步发展，使它沿着剪变带表现为顺坡滑移、滚动与坐塌，从而重新达到稳定坡角的斜坡破坏过程，称为滑塌或崩滑，如图 3-4 所示。

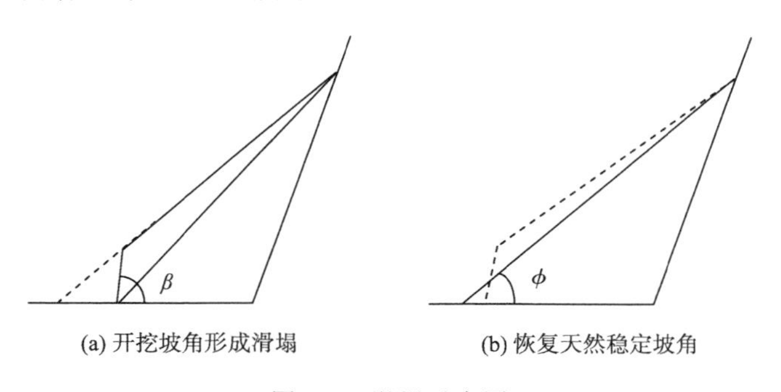

图 3-4 滑塌示意图

滑塌部分与未滑塌部分的分界，通常在断面上成直线。滑塌是一种松散岩体或岩、土混合体的浅层破坏形式，与风化应力、地表水、人工开挖坡角及振动等作用密切相关。

排土场的边坡稳定主要取决于排土场地基岩性、地形坡度、水文条件、废弃岩石的物理力学性质及堆置方法。排土场的不稳定归结为两种：一种是废石本身不稳定；另一种是由于排弃废石的重力作用而影响基底不稳定，发生整体滑移破坏。不稳定形态包括沉陷、塑性变形、滑坡、边坡塌落等几种表现形式。

目前，该排土场各台阶边坡坡度为 1∶1，一部分已形成的台阶边坡是自然形成的，未做任何加固处理。此外，由于部分台阶堆放的废石中含有大量泥土，使该部分台阶平台易出现裂缝、台阶坡脚已经出现塌落现象，企业应及时发现并处理。

排土场边坡稳定性是停用尾矿库上改建排土场工程安全的关键问题之一，因此应从技术上和安全管理上，均应在排土场建设过程中和后期运行过程中给予高度关注。

3.2.4 排土场洪水溃坡和泥石流

该公司排土场由于场地地形条件有利，无集中汇水问题，因此废石排放过程中场地内的雨水采用自然排水。

虽然该排土场地形条件有利，无大面积集中汇水问题，但就目前状况，在已形成的台阶及边坡未按设计要求修建排水沟，若汛期雨水过于集中排泄，洪水期容易发生排土场的洪水溃坡及泥石流事故，而且废石场的不稳定及产生泥石流均离不开水的作用，废石体中含水过多，废石体的咬合强度将有所降低，会加大废石场产生各种病害的风险。

造成排土场洪水溃坡和泥石流的主要有害因素包括：

(1)设计、施工的防洪标准、设施不符合现行的设施设计施工规范，导致的洪水溃坡和泥石流事故；

(2)洪水超过废石场设计标准导致的溃坡和泥石流事故；

(3)排洪系统或废石场外围截水沟发生结构破坏，不能发挥排洪作用，导致发生设计标准之内的洪水也出现溃坡和泥石流事故；

(4)疏于日常管理，对库区、坝体、排洪设施等出现的事故隐患未能采取及时处理措施，导致的洪水溃坡；

(5)缺乏抗洪准备和防汛应急措施，对洪水可能造成的破坏没有应急预案而造成的事故。

3.2.5 山体滑坡

山体滑坡是指山体斜坡上某一部分岩土在重力(包括岩土本身重力及地下水的动静压力)作用下，沿着一定的软弱结构面(带)产生剪切位移而整体地向斜坡下方移动的作用和现象。

岩土体是产生滑坡的物质基础。一般来说，各类岩、土都有可能构成滑坡体，其中结构松散，抗剪强度和抗风化能力较低，在水的作用下其性质能发生变化的岩、土，如松散覆盖层、黄土、红黏土、页岩、泥岩、板岩、千枚岩等及软硬相间的岩层所构成的斜坡易发生滑坡。

影响滑坡空间分布的诱发因素很多，其中易滑（坡）的岩、土分布，如松散覆盖层、黄土、泥岩、页岩板岩、千枚岩等岩、土的存在，为滑坡的形成提供了良好的物质基础。

该排土场所依山地均覆盖耕土，主要由黏性土及植物根系组成，土质松散，层厚 0.3～0.7 m。

滑坡体受诱发因素的作用后，立即活动。如强烈地震、暴雨都会有大量的滑坡出现。一般来讲，滑坡体越松散、裂隙越发育、降雨量越大，则滑坡活动滞后时间越短。

3.2.6 排土场与周围村庄地理位置关系

某公司原 1#、2# 尾矿库上改建排土场工程位于选厂西北约 2 km 处的后撮落村东面的山谷中。外围 1 km 内共有三个村庄，其中撮落新村（约 1300 人）位于排土场西偏南方向约 254 m 处，位于排土场上游；后撮落村（约 400 人）位于排土场西北部约 777 m 处，如图 3-5 所示；撮落村四队（约 160 人）位于排土场东北侧约 534 m 处，如图 3-6 所示，均位于排土场下游。

图 3-5　排土场与后撮落村的地理位置关系

排土场紧邻居民区，如遇强震、持续暴雨等，发生大面积滑坡、泥石流等灾害，将给处在排土场下游的两个村庄带来较大风险。

最近村庄距该排土场仅有 254 m，满足《有色金属矿山排土场设计规范》(GB 50421—2007)的相关要求，但应高度重视排土场运行安全，在排土场下游区应增设禁入警示标志，禁止无关人员进入排土场范围内。

图 3-6　排土场与撮落村四队的地理位置关系

3.3　其他危险有害因素辨识与分析

3.3.1　高处坠落

因排土场高度较高，且废石自然排放过程中坡度较陡，施工及生产管理人员易在高处作业中发生坠落造成伤亡事故。造成高处坠落的主要因素包括：

(1)没有按要求使用个人安全防护设施；

(2)没有按要求穿防滑性能良好的软底鞋；

(3)高处作业时安全防护设施损坏；

(4)工作责任心不强，主观判断失误；

(5)安全保护装置不完善或缺乏必要的设备、设施；

(6)作业人员疏忽大意，疲劳过度；

(7)高处作业安全管理不到位；

(8)缺少照明，缺乏安全标识。

3.3.2　车辆伤害

指企业机动车辆在行驶中引起的人体坠落和物体倒塌、下落、挤压伤亡事故，不包括起重设备提升、牵引车辆和车辆停驶时引发的车辆伤害。在排土场排放废石过程中须使用大量的运送废石车辆及推土机等机械设备，因此，存在发生车辆伤害事故的可能性。

造成车辆伤害事故的主要因素有:

(1)因超速驾驶、突然刹车、碰撞障碍物、在已有重物时使用前铲、在车辆前部有重载时下斜坡、横穿斜坡或在斜坡上转弯或卸载、在不适的路面或支撑条件下运行等,都有可能发生翻车、翻倒而导致人员伤亡事故;

(2)因超载导致的车辆伤害事故;

(3)与建筑物、堆积物及其他车辆之间发生碰撞引起的伤害事故;

(4)司机未按规程驾驶、装载量和装卸不符合安全规程,引起的伤害事故;

(5)照明条件不符合要求,引起的伤害事故;

(6)因设备不适等原因发生故障、脱落,而导致载荷物从车辆上滑落,引起的伤害事故;

(7)违章携带乘员所引发的事故。

3.3.3 滚石事故

排石作业与边坡修整作业可能处在不同台阶上。废石排放过程中,滚落的废石可能对下方的机械设备及操作管理人员造成伤害。此外,由于规划的废石场高度高,若高处废石滚落容易造成作业人员伤害事故。应加强废石场现场作业的合理规划、科学管理,采用多种手段提高作业人员的安全意识。废石场作业区内因雾、粉尘、照明等因素使驾驶员视距小于 30 m 或遇暴雨、大雪、大风等恶劣天气时,应停止排土作业,避免发生滚石伤人等事故。

3.3.4 粉尘危害

废石排放、边坡修整及复垦作业均会产生粉尘。尚未植被绿化的废石堆场表面在大风干燥季节,都会产生大量的粉尘。因此,这些作业地点的作业人员长期吸入含尘量较高的空气容易引起各种职业病(矽肺病等)。粉尘的扩散还会影响居民的日常生活,因此必须采取措施加以防治。春、秋季风季节排放废石工作面附近应适当洒水,减少扬尘;废石场的工作人员、管理人员应统一佩戴口罩等个体卫生防护用品,防止吸入过量粉尘对人身造成伤害。

第4章 论证单元划分和论证方法选择

4.1 论证单元划分

项目组根据某公司停用尾矿库上改建排土场工程的危险、有害因素辨识结果，将该工程安全技术论证工作分为以下几个单元：

(1)地面总体布局单元；

(2)建设项目法律法规程序符合性单元；

(3)尾矿库闭库工程质量单元；

(4)排土场地基稳定性单元；

(5)尾矿库固结程度及对排土场稳定性影响单元；

(6)排土场边坡稳定性单元；

(7)排土场防洪安全单元；

(8)排土场安全管理现状单元。

4.1.1 地面总体布局单元

地面总体布局单元主要包括原尾矿库平面布局、尾矿库上改建排土场工程场地平面位置选址、排土场的平面布置方案、防洪设施选址、对附近居民区的影响等方面。主要依据《尾矿库安全监督管理规定》《尾矿库安全技术规程》《金属非金属矿山排土场安全生产规则》等标准进行论证。

4.1.2 建设项目法律法规程序符合性单元

依据《建设项目安全设施“三同时”监督管理暂行办法》(国家安全生产监督管理总局〔2010〕第36号)和《尾矿库安全技术规程》(AQ 2006—2005)，采用安全检查表法对某公司停用尾矿库上改建排土场工程法律法规程序符合性进行论证。

4.1.3 尾矿库闭库工程质量单元

对原1#、2#尾矿库闭库隐蔽工程施工记录进行论证，主要检查和论证岩坡处理、排洪系统整治、沉积滩面处理等工程中隐蔽工程的施工是否符合要求以及施工质量情况，以保证设计中有关闭库工程以及被掩盖的工程能够严格按照设计施工。

对原1#、2#尾矿库闭库各单项工程施工及竣工情况进行论证，其尾矿库闭库工程中包括尾矿坝体稳定的整治、排洪设施整治、坝面排水等单项工程，明确某公司尾矿库闭库设计及安全对策措施是否在施工过程中得到落实。

4.1.4 排土场地基稳定性单元

依据《某公司尾矿库岩土工程勘察技术报告书》（中冶沈勘工程技术有限公司，2008年9月）、《某公司废石堆场岩土工程勘察报告》（中冶沈勘工程技术有限公司，2010年6月）及某公司钼矿尾矿库1#溢流槽、2#溢流井封堵工程资料等相关资料，对排土场稳定性进行分析。

4.1.5 尾矿库固结程度及对排土场稳定性影响单元

本单元主要利用瞬变电磁法，选用先进的探测设备对排土场进行探测。为了能够给分析尾矿库固结程度提供数据，本次探测分别在跨越1#尾矿库初期坝位置和跨越2#尾矿库坝坡位置选择4条探测线进行探测。分析尾矿库富水区位置及其固结程度和排土场空洞位置，进而评价其对排土场稳定性的影响。

4.1.6 排土场边坡稳定性单元

在现场勘察工作中取部分尾矿砂，采用三轴试验系统完成尾砂物理力学指标试验，测试材料参数。

根据某公司停用尾矿库上改建排土场工程可行性研究报告中排土场的设计方案，设计中选择5个有代表性的边坡进行稳定性分析。采用理想弹塑性模型，基于摩尔-库仑屈服准则，模拟排土场的运行过程，利用Abaqus软件进行二维静力非线性有限元应力变形分析，准确计算边坡的应力和变形特性。根据计算结果，分析边坡现状、地震荷载下现状及终了状态下的稳定性。

4.1.7 排土场防洪安全单元

通过对排土场防洪安全设计和其周边其他影响防洪安全的分析，来分析排土场防洪安全状况。

4.1.8 排土场安全管理现状单元

从安全管理角度，以检查表的方式，依据《金属非金属矿山排土场安全生产规则》《有色金属矿山排土场设计规范》《金属非金属矿山安全规程》等相关规程，分别对排土场安全管理制度完善情况、应急预案制定情况、预案演练情况、排土场日常安全检查情况、排土作业现场管理情况等进行分析。

4.2 论证方法介绍

4.2.1 安全检查表法

为了查找工程、系统中各种设备设施、物料、工件、操作、管理和组织措施中的危险有害因素，事先把检查对象加以分解，将大系统分割成若干小的子系统，以提问或打分的形式，将检查项目列表逐项检查，避免遗漏，这种表称为安全检查表。用安全检查表对照打分的方法，称为安全检查表法（Safety Checklist Analysis，SCA）。

4.2.2 数值模拟分析法

本数值模拟分析法即是采用理想弹塑性模型，基于摩尔-库仑屈服准则，利用有限元计算方法，模拟坝体和尾矿库的运行过程，利用 Abaqus 模拟软件进行二维静力非线性有限元应力变形分析，研究边坡的应力和变形特性。

（1）有限元计算方法介绍

有限元数值分析的目的是要获得介质在荷载作用下的应力、变形以及其他变量的近似解，而这些问题的精确解要求介质中的任何部分始终保持力和力矩的平衡。令 V 表示介质的任意体积，而围成该体积的表面积用 S 表示。定义表面 S 上任意一点的面力为单位面积力 t，而体积内任意一点的单位体积力为 f，于是力的平衡可表示为：

$$\int_S t\,\mathrm{d}S + \int_V f\,\mathrm{d}V = 0$$

而表面 S 上任意一点的“真实”应力或 Cauchy 应力矩阵 σ 定义为：

$$t = n \cdot \sigma$$

其中，n 表示 S 面上该点的单位外法线，于是力的平衡表达式为：

$$\int_S n \cdot \sigma \mathrm{d}S + \int_V f \mathrm{d}V = 0$$

根据 Gauss 定律，由上式可得到力的平衡微分方程：

$$\left(\frac{\partial}{\partial x}\right) \cdot \sigma + f = 0$$

而关于坐标原点的力矩平衡表达式为：

$$\int_S (x \cdot t) \mathrm{d}S + \int_V (x \cdot f) \mathrm{d}V = 0$$

根据 Gauss 定律，由上式推出 Cauchy 应力矩阵 σ 一定是对称的，即：

$$\sigma = \sigma^{\mathrm{T}}$$

为了获得位移有限元模式，首先要给出平衡方程的等价“弱”形式，即虚功原理。令 δu 为任意“虚”位移场，由应变-位移关系方程，即在域 V 内满足 $\delta\varepsilon = \partial\delta u$，而在位移边界 S_u 上有 $\delta u = 0$，在 V 内积分可推导得：

$$\int_V \sigma^{\mathrm{T}} \delta\varepsilon \, \mathrm{d}V = \int_{S_t} t^{\mathrm{T}} \delta u \, \mathrm{d}S + \int_V f^{\mathrm{T}} \delta u \, \mathrm{d}V$$

上式中 S_t 代表应力边界。

假设在有限元分析中，位移的插值形式为：

$$u = N_N u^N$$

其中，N_N 为与坐标系有关的插值函数，u^N 表示有限单元结点变量，对表示结点变量的大写上标和下标采用求和约定。根据虚位移场 δu 必须和所有运动约束相协调的要求，其插值形式应与空间位移具有相同的形式：

$$\delta u = N_N \delta u^N$$

如果 $\delta\varepsilon$ 表示与 δu 相关的材料的虚应变场，根据前面的插值假设有：

$$\delta\varepsilon = B(x) \delta u^N$$

当考虑材料的非线性，即应力-应变关系的一般性表达式为：

$$\sigma = \tilde{\sigma}(\varepsilon)$$

应当指出，对于非线性材料，某一点的应力值不仅与该点当前的应变值有关，而且可能与加载历史（常通过某些内变量表示，例如塑性材料中的塑性应变）有关，上式为一简化表达式。一般来说，应力 σ 的分布依赖于所考虑材料点的当前位置 x，即：

$$\sigma(x) = \tilde{\sigma}[B(x) u]$$

最后，可得平衡方程的离散弱解形式为：

$$\int_V \tilde{\sigma}^{\mathrm{T}}[B(x) u^N] B(x) \delta u^N \mathrm{d}V = \int_{S_t} t^{\mathrm{T}} N_N \delta u^N \mathrm{d}S + \int_V f^{\mathrm{T}} N_N \delta u^N \mathrm{d}V$$

上式等价于：

$$f_{\text{int}}^{T}(u^N)\delta u^N = f_{\text{ext}}^{T}\delta u^N$$

其中：

$$f_{\text{int}} = \int_V B^T(x)\tilde{\sigma}[B(x)u^N]\mathrm{d}V$$

由于 δu^N 为独立变量，最后可得如下离散形式的非线性平衡方程：

$$f_{\text{int}}(u^N) = f_{\text{ext}}$$

上式由一系列的非线性代数方程式组成，其物理意义是内力向量与外力平衡。线弹性分析可认为是上式的特殊形式，即当考虑材料的应力-应变本构关系为线弹性本构关系 $\sigma = D_e\varepsilon$ 时，则左边内力向量可以表达为：

$$f_{\text{int}}(u^N) = K_e u^N$$

式中：

$$K_e = \int_V B^T(x)D_e B(x)\mathrm{d}V$$

即可导出最终的线弹性静力平衡方程：

$$K_e u^N = f_{\text{ext}}$$

对于非线性平衡方程，充分使用线性逼近方法将在求解该方程时带来极大的简便。假设前一增量步平衡解的应变状态为 $\bar{\varepsilon}$，由本构方程 $\sigma = \tilde{\sigma}(\varepsilon)$，在 $\bar{\varepsilon}$ 的邻域内对该应力-应变本构关系进行台劳展开，则有：

$$\tilde{\sigma}(\bar{\varepsilon} + \Delta\varepsilon) = \tilde{\sigma}(\bar{\varepsilon}) + \left.\frac{\partial\tilde{\sigma}}{\partial\varepsilon}\right|_{\varepsilon=\bar{\varepsilon}}\Delta\varepsilon + \cdots$$

当应变增量 $\Delta\varepsilon$ 取得足够小，则可省略后面二次项及更高次项对应力的贡献，上式可变换为一线性近似关系式：

$$\tilde{\sigma}(\bar{\varepsilon} + \Delta\varepsilon) \approx \tilde{\sigma}(\bar{\varepsilon}) + \boldsymbol{D}(\bar{\varepsilon})\Delta\varepsilon$$

式中，$\boldsymbol{D} \equiv \partial\tilde{\sigma}/\partial\varepsilon$，为材料切线刚度矩阵，它不仅与当前应变状态 $\bar{\varepsilon}$ 相关，也可能与材料点所处空间位置 x 有关，故 $\boldsymbol{D} = \boldsymbol{D}(x,\bar{\varepsilon})$。对于任一点位移向量 u^N，应力场为 $\tilde{\sigma}(x) = \tilde{\sigma}[\bar{\varepsilon}(x)] = \tilde{\sigma}[B(x)u^N]$，由以上线性近似的材料本构关系，可以推导出总体非线性平衡方程的相应线性逼近关系式：

$$f_{\text{int}}(u^N + \Delta u^N) = f_{\text{int}}(u^N) + \left.\frac{\partial f_{\text{int}}}{\partial u^N}\right|_{u=u^N}\Delta u^N + \cdots$$

当位移增量足够小，则上式中后面非线性高次项可以忽略，即：

$$f_{\text{int}}(u^N + \Delta u^N) = f_{\text{int}}(u^N) + \boldsymbol{K}(u^N)\Delta u^N$$

式中，$\boldsymbol{K}(u^N) \equiv \dfrac{\partial f_{\text{int}}}{\partial u^N}$，称为结构的总体切向刚度矩阵，可推导出：

$$\boldsymbol{K}(u^N) = \frac{\partial}{\partial u^N}\int_V B^T\tilde{\sigma}\mathrm{d}V = \int_V B^T\frac{\partial\tilde{\sigma}}{\partial u^N}\mathrm{d}V = \int_V B^T\frac{\partial\tilde{\sigma}}{\partial\varepsilon}\frac{\partial\varepsilon}{\partial u^N}\mathrm{d}V = \int_V B^T DB\,\mathrm{d}V$$

虽然上式与线弹性分析中总体刚度矩阵 $\boldsymbol{K}_e$ 有着相同的形式，但其中关于 $\boldsymbol{D}$

矩阵的定义则有所区别，在 $\boldsymbol{K}_e$ 中 $\boldsymbol{D}=\boldsymbol{D}_e$，并在整个计算中不发生改变，因而 $\boldsymbol{K}_e$ 为一定常矩阵；而当考虑材料的非线性，$\boldsymbol{D}=\boldsymbol{D}(x,\bar{\varepsilon})$，即与当前应变状态相关，因而 $\boldsymbol{K}(u^N)$ 也将随着当前应变状态的调整不断改变，不再为一定常矩阵。

非线性有限元分析的目的是了解分析对象在给定加载历史下的响应分布和过程，其中最常用的是采用增量迭代方法求解非线性平衡方程式，即荷载的施加被分成若干个加载步骤，然后对每个加载步基于总体平衡方程进行迭代求解。目前国内外的学者已经提出许多增量迭代求解方法，各种方法依据其不同的增量步选取技巧可分为荷载增量控制法和直接或间接位移控制法；根据迭代策略的不同可分为全牛顿迭代法、修正牛顿迭代法、初始刚度法以及准牛顿迭代法等。增量迭代方法作为非线性有限元分析的基础，其求解方程的收敛性及收敛速度对整个数值模拟的实现有着重要的意义，而了解其具体求解步骤的实施则对实现在程序中正确引入非线性材料本构模型有着关键性的影响。

①直接荷载增量控制法

牛顿迭代法是在求解非线性方程各种方法中最常用的一种迭代方法，其基本迭代过程如下：

$$\boldsymbol{K}^{(n,i-1)}\Delta u^{(n,i)} = f_{\text{ext}}^{(n)} - f_{\text{int}}^{(n,i-1)}$$

$$u^{(n,i)} = u^{(n,i-1)} + \Delta u^{(n,i)}\,(i=1,2,3,\cdots)$$

上式中 $u^{(n,i)}$ 为在第 n 个增量步经过 i 次迭代后的位移近似值，$\Delta u^{(n,i)}$ 为相应在第 i 次迭代的位移增量，$\boldsymbol{K}^{(n,i-1)}=\boldsymbol{K}(u^{(n,i-1)})$，即为相应于 $u^{(n,i-1)}$ 变形状态的总体切线刚度矩阵。$f_{\text{ext}}^{(n)}$ 为在第 n 个增量步时的相应外载向量，$f_{\text{int}}^{(n,i-1)}$ 为经过 $i-1$ 次迭代后的内力向量。

该迭代过程主要由计算内力向量、总体切线刚度矩阵、求解线性方程组等三项计算内容组成。对于大规模计算问题来说，后两个计算步将耗费相当多的计算机时。修正的牛顿迭代法仅在每个增量步的开始形成新的切向刚度矩阵，而在该增量步的后续迭代中则不再更新总体切向刚度。比较两种方法可以发现，修正牛顿迭代法省略了后续迭代中关于刚度矩阵的更新计算，总体计算效率往往更高。

②直接位移增量控制法

在使用力加载求解结构的非线性响应过程中，无论选择何种迭代算法，如果施加的外部荷载不能等于结构的极限，则求解方法会失效。这种情况发生在外部荷载单调增加直到用尽结构的承载能力时。

如图 4-1 所示，力加载方法可以精确计算至第 5 个加载级（如图 4-1 中 $f_{\text{ext}}^{(5)}$）。在第 6 个加载级中，施加的外荷载超过了结构的极限承载力，平衡方程无解。在迭代过程中发生振荡或者发散，无法满足平衡方程求得真解。在许多工程分析中，求解和确定结构的承载能力以及在哪种位移模式下发生结构破坏。根据力加载方法的特点，在求解过程中将迭代的发散或振荡作为达到极限承载力的标志，最后一个加载级提供了破坏前的力和位移信息。但是有限元方法在模拟复杂结构的受力和变形特性时常常因为其他原因发生求解迭代的发散和振荡，而往往这些原因并不一定和极限承载力相关联。所以需要通过数值方法的改进得到峰值承载力后的受力和变形过程，则此时的极限承载力更有说服力。另外，结构的后峰值特性体现了结构的延展性和抵抗外部荷载的柔韧性。

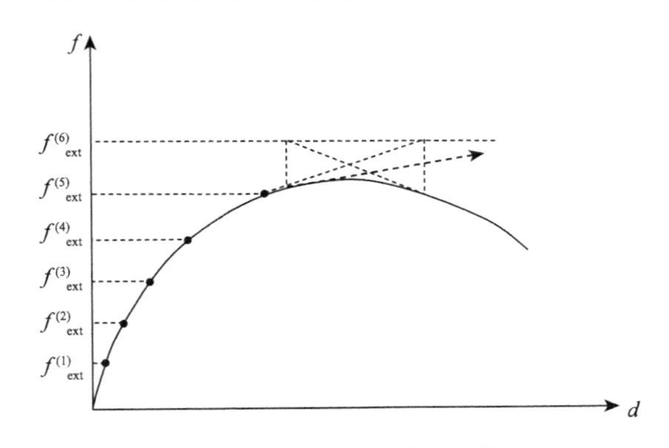

图 4-1　力加载法则的发散

从结构的物理特性出发，最简单的克服以上数值方法缺陷的增量控制方法如图 4-2 所示。图 4-2 给出了一受中心集中荷载作用的剪支梁。假定材料为完全弹塑性或者存在软化，则荷载位移曲线在达到峰值荷载后变为水平稳定发展曲线或者紧跟一个软化曲线。在施加力荷载的试验中，控制施加力的大小而变形则通过测量得到。在结构失效时，结构往往并不处于静态平衡状态，位移或者应变可处于动态的增长发展过程中，如图 4-2(a)所示。与此不同，在控制位移的试验中可以控制中点的位移发展过程，结构反力通过测量设备得到，如图 4-2(b)所示。在这样的试验中，无论处于极限荷载前还是后软化曲线上，位移或者应变都可以保持静态平衡状态。这种方法称为直接位移控制方法。本书在提出考虑黏性土软化特性的本构模型后，利用本节构造的直接位移控制及其相应迭代算法计算了简单构件的受力变形过程，从而验证了建立的本构模型的适用性和合理性。

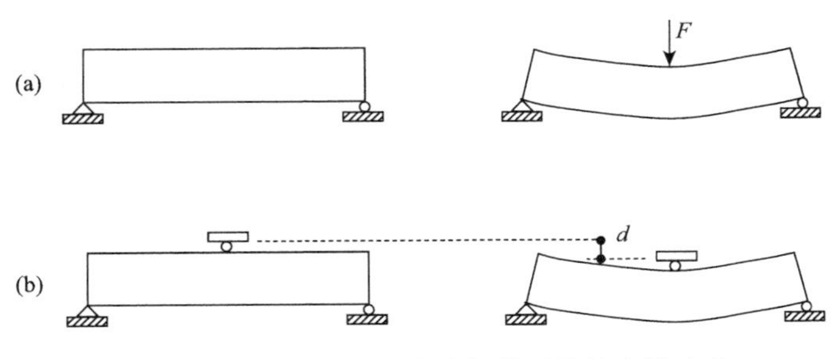

图 4-2　(a)力加载，(b)位移加载下的剪支梁试验

将位移控制式剪支梁试验的思想用于数值模拟计算中，可将结点位移分成两组：一组未受外界荷载的结点位移 d_1；另一组受外界位移控制的加载点位移 d_2。此时总结点位移向量可以写成 $\{d_1, d_2\}^T$。设内外力向量分别为 $\{f_{int,1}, f_{int,2}\}^T$ 和 $\{f_{ext,1}, f_{ext,2}\}^T$，其中外力向量 $f_{ext,1}$ 对应于未知位移的结点，为简单起见，可假定 $f_{ext,1}=0$，此时，所有外部力仅为对应控制位移 d_2 对应的结点力。则平衡方程可以写成：

$$f_{int,1}(d_1, d_2) = 0$$

$$f_{int,2}(d_1, d_2) = f_{ext,2}$$

对于给定的位移 d_2，未知结点位移 d_1 可以通过求解方程得到。然后，通过方程左侧积分可以得到施加结点力 $f_{ext,2}$。

对一个典型的增量步 n，前一增量步末也即本增量步的初始位移 $d_1^{(n-1)}$ 和 $d_2^{(n-1)}$ 为已知，将方程线性化可得到：

$$f_{int,1}^{(n-1)} + \boldsymbol{K}_{11}^{(n-1)} \Delta d_1^{(n)} + \boldsymbol{K}_{12}^{(n-1)} \Delta d_2^{(n)} = 0$$

其中，$\boldsymbol{K}_{11} = \dfrac{\partial f_{int,1}}{\partial d_1}$，$\boldsymbol{K}_{12} = \dfrac{\partial f_{int,1}}{\partial d_2}$，为总切向刚度矩阵。

第 n 步限定位移 d_2 已知，故令 $\Delta d_2^{(n,1)} = d_2^{(n)} = d_2^{(n)} - d_2^{(n-1)}$，则上式变为：

$$\boldsymbol{K}_{11}^{(n-1)} \Delta d_1^{(n,1)} = - f_{int,1}^{(n-1)} - \boldsymbol{K}_{12}^{(n-1)} \Delta d_2^{(n)}$$

求解得到 $\Delta d_1^{(n,1)}$，因为 $d_1^{(n,1)} = d_1^{(n-1)} + \Delta d_1^{(n,1)}$，$d_2^{(n,1)} = d_2^{(n-1)} + \Delta d_2^{(n,1)} = d_2^n$，因此，将上式在 $d_1^{(n,1)}$，$d_2^{(n,1)}$ 线性化，可以得到修正的位移量 d_1，重复上述过程直到迭代收敛。这个迭代过程可以写成如下形式：

$$\left.\begin{array}{c} \boldsymbol{K}_{11}^{(n,i-1)} \delta d_1^{(n,i)} = - f_{int,1}^{(n,i-1)} - \boldsymbol{K}_{12}^{(n,i-1)} \delta d_2^{(n,i)} \\ \hline d_1^{(n,i)} = d_1^{(n,i-1)} + \delta d_1^{(n,i)} \end{array}\right\} i = 1, 2, 3 \cdots$$

其中，

$$d_1^{(n,0)} = d_1^{(n-1)}$$

$$d_2^{(n,0)} = d_2^{(n-1)}$$

$$\delta d_2^{(n,1)} = d_2^{(n)} - d_2^{(n-1)}$$

$$\delta d_2^{(n,i)} = 0 (i = 2, 3, \cdots)$$

需要指出的是，第二次迭代时，由于 $\delta d_2 = 0$，所以 $\boldsymbol{K}_{12}$ 对方程右端项不起作用，因此 $\boldsymbol{K}_{12}$ 在第一次迭代后没有进行修正。

为表述简洁，采用以下符号：$\underset{\sim}{f}$——外力；$\underset{\sim}{K_t}$——切线刚度；$\underset{\sim}{u}$——位移。可构造如下二次势能函数：

$$\phi = a - \underset{\sim}{f}^T \underset{\sim}{u} + \frac{1}{2} \underset{\sim}{u}^T \underset{\sim}{K_t} \underset{\sim}{u}$$

将上式对位移取导数，可得：

$$\underset{\sim}{g} = - \underset{\sim}{f} + \underset{\sim}{K_t} \underset{\sim}{u}$$

显然 $\underset{\sim}{g}$ 为 ϕ 场的梯度，其物理意义为不平衡力。求解位移 $\underset{\sim}{u}$ 的过程其实就是寻求 ϕ 的极小值点，也即求取 $\underset{\sim}{g}=0$ 点的过程。可从一初值开始，用迭代法求解。本程序中联合采用线搜索法和 BFGS 法加速迭代过程(图 4-3)。

在某一迭代步中，用方程线性求解得到位移增量 $\underset{\sim}{\delta_i}$ 后，沿此方向在直线上求目标函数的局部极小值，可得到一较优的试解，即：

$$\underset{\sim}{u_{i+1}} = \underset{\sim}{u_i} + \eta_i \underset{\sim}{\delta_i}$$

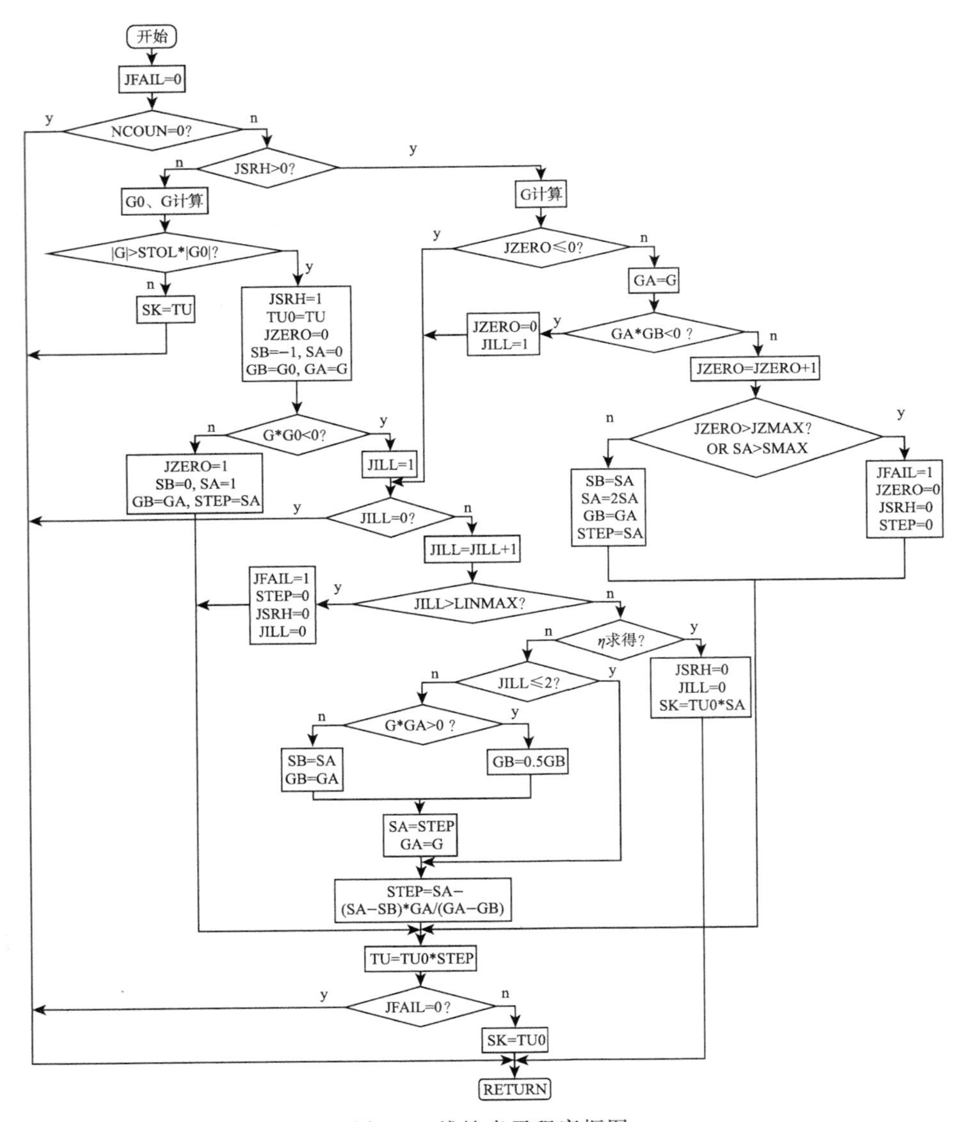

图 4-3　线搜索子程序框图

其中，$\underset{\sim}{\delta}_i$ 为线搜索方向，其物理意义是位移增量；η_i 为线搜索步长因子。本程序采用线搜索方法，子程序框图如图 4-3 所示。框图中 STEP 为步长系数 η。SMAX 为步长系数最大值。JFAIL：0——搜索未失败；1——搜索失败，恢复原状。JILL：Illinois 法求 η，0——不再计算；>0——计算次数。JSRH：线搜索工作标志，0——不工作；>0——工作。JZERO：寻找 G=0 的区间，0——不再寻找；>0——寻找次数。JZMAX：寻找 G=0 的区间的最大次数。LINMAX：Illinois 法求 η 的最大次数。SK 为 $\eta *$ TU($\eta_i \underset{\sim}{\delta}_i$)。RF 为本步残差力；RF0 为前一步残差力。TU 为本步 BFGS 修正后的位移增量($\underset{\sim}{\delta}_i$)；TU0 用于记忆 TU。G0=$\{TU\}^T\{RF0\}$；G=$\{TU\}^T\{RF\}$。

寻找目标函数最小值的方法很多，其中属于拟牛顿法类的 BFGS 算法被普遍认为效果较好，目前得到广泛应用。该法利用前一步的计算信息修正本步的搜索方向，同时结合上述线搜索法，寻优速度较快。该法类似于比例共轭梯度法和共轭牛顿法，不同之处是它满足方程式的割线关系，而不是方程正交条件：

$$\underset{\sim}{\delta}_i^T \underset{\sim}{\gamma}_i = -\eta_{i-1} \underset{\sim}{\delta}_{i-1}{}^T \underset{\sim}{g}_i$$

这种方法及相关求解过程称为割线牛顿法。

如图 4-4 所示，某点的应力状态在应力空间中的位置为 A 点，并假定处于屈服面以内，即：$f(\{\sigma_0\})=f_0<0$。对某一应变增量$\{d\varepsilon\}$，其精确的应力增量应为$\{d\sigma\}=[D^e]\{d\varepsilon_1\}+[D^{ep}]\{d\varepsilon_2\}$，其中$[D^{ep}]=[D^e]+[D^p]$。如按弹性预测，则应力状态达到点 B，并超出屈服面。此时需对该点进行应力修正，具体方法如下。

如 A、B 连线交屈服面于 D，则 D 点的应力状态满足：

$$f(\{\sigma_0\}+\{d\sigma_{AD}\})=f(\{\sigma_0\}+\gamma\cdot\{d\sigma_{AB}\})=0$$

而实际的应力路径应该到达 D 点后沿屈服面前进，比如到达 C 点。假定 A、D 间的应变所占比例与应力增量所占比例相同，且

$$\gamma=\frac{f(\sigma_0+d\{\sigma\}_{AD})-f(\{\sigma_0\})}{f(\sigma_0+\{d\sigma_{AB}\})-f(\{\sigma_0\})}=\frac{-f_0}{(f_1-f_0)}$$

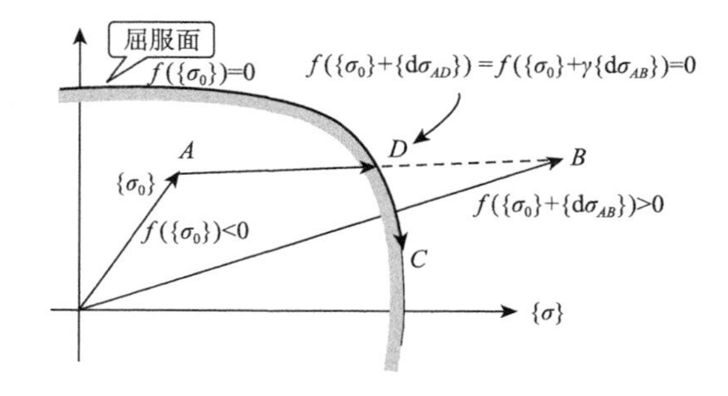

图 4-4　比例法应力修正示意图

则 A、C 间的应力增量应满足：

$$\begin{aligned}\{d\sigma\} &= \{d\sigma\}_{\overline{AD}} + \{d\sigma\}_{\overline{DC}} \\ &= [D^e]\cdot\gamma\{d\varepsilon\} + ([D^e]-[D^p])\cdot(1-\gamma)\{d\varepsilon\} \\ &= ([D^e]-(1-\gamma)[D^p])\{d\varepsilon\}\end{aligned}$$

可得：

$$[\overline{D}^{ep}] = [D^e] - (1-\gamma)[D^p]$$

(2)Abaqus 软件介绍

Abaqus 是一套功能强大的工程模拟的有限元软件，其解决问题的范围从相对简单的线性分析到许多复杂的非线性问题。Abaqus 包括一个丰富的、可模拟任意几何形状的单元库。并拥有各种类型的材料模型库，可以模拟典型工程材料的性能，其中包括金属、橡胶、高分子材料、复合材料、钢筋混凝土、可压缩超弹性泡沫材料以及土壤和岩石等地质材料。作为通用的模拟工具，Abaqus 除了能解决大量结构(应力/位移)问题，还可以模拟其他工程领域的许多问题，例如热传导、质量扩散、热电耦合分析、声学分析、岩土力学分析(流体渗透/应力耦合分析)及压电介质分析。

Abaqus 为用户提供了广泛的功能，且使用起来又非常简单。大量的复杂问题可以通过选项块的不同组合很容易地模拟出来。在大部分模拟中，甚至高度非线性问题，用户只需提供一些工程数据，比如结构的几何形状、材料性质、边界条件及载荷工况。在一个非线性分析中，Abaqus 能自动选择相应载荷增量和收敛限度。它不仅能够选择合适参数，而且能连续调节参数以保证在分析过程中有效地得到精确解。用户通过准确的定义参数就能很好地控制数值计算结果。

Abaqus 被广泛地认为是功能最强的有限元软件，可以分析复杂的固体力学结构力学系统，特别是能够驾驭非常庞大复杂的问题和模拟高度非线性问题。

4.2.3 瞬变电磁探测法

(1)基本原理

瞬变电磁法或称时间域电磁法(time domain electromagnetic methods)，简称 TEM，它是利用不接地回线或接地线源向地下发送一次脉冲场，在一次脉冲场间歇期间，利用线圈或接地电极观测二次涡流场的方法。

其基本工作方法是：于地面或空中设置通以一定波形电流的发射线圈，从而在其周围空间产生一次电磁场，并在地下导电岩矿体中产生感应电流，断电后，感应电流由于热损耗而随时间衰减。衰减过程一般分为早、中和晚期。早期的电磁场相当于频率域中的高频成分，衰减快，趋肤深度大。通过测量断电后各个时间段的二次场随时间变化规律，可得到不同深度的地电特征。

在电导率为σ，导磁率为μ_0的均匀各相同性大地表面附设面积为S的矩形发射线圈，在回线中供以$I(t)=\begin{cases}I, t<0\\0, t\geqslant 0\end{cases}$的阶跃脉冲电流。在电流断开之前，发射电流在回线周围的大地和空间建立起一稳定的磁场。在$t=0$时刻，将电流突然断开，由该电流产生的磁场也立即消失。一次场的这一剧烈变化通过空气和地下导电介质传至回线周围的大地中，并在大地中激发出感应电流以维持发射电流断开之前存在的磁场，使空间磁场不会立即消失。由于介质的欧姆损耗，这一感应电流将会迅速衰减，这种迅速衰减的磁场又在其周围的地下介质中感应出新的强度更弱的涡流，这一过程继续下去，直到大地的欧姆损耗将能量消耗完为止。这便是大地中的瞬变电磁过程场，伴随这一过程场存在的电磁场就是大地的瞬变电磁场。图4-5为瞬变电磁法(TEM)的瞬态过程示意图。

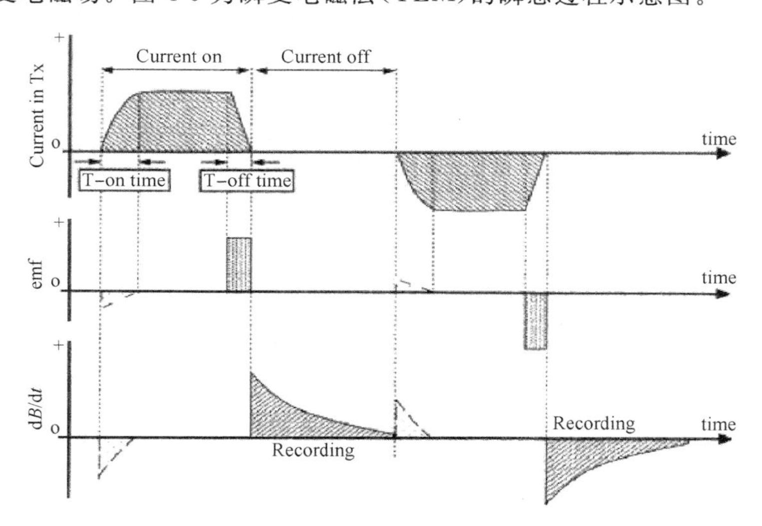

图4-5 瞬变电磁法(TEM)的瞬态过程示意图

由于电磁场在空气中传播的速度比导电介质中传播的速度大得多，当一次电流断开时，一次场的剧烈变化首先传播到发射回线周围地表各点，因此，最初激发的感应电流局限于地表。地表各处感应电流的分布也是不均匀的，在紧靠发射回线一次磁场最强的地表处感应电流最强。随着时间的推移，地下的感应电流便逐渐向下、向外扩散，其强度逐渐减弱，分布趋于均匀。美国地球物理学家M. N. Nabighan对发射电流关断后不同时刻地下感应电流场的分布进行了研究，研究结果表明，感应电流呈环带分布，涡流场极大值最先位于紧靠发射回线的地表下，随着时间的推移，该极大值沿着与地表呈30°倾角的锥形斜面(图4-6)向下、向外移动，强度逐渐减弱。

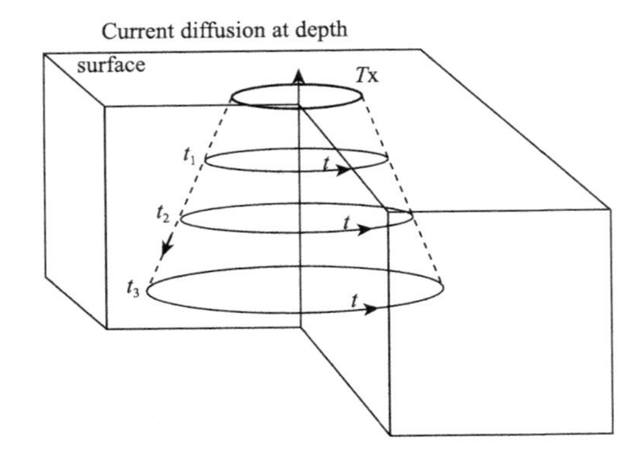

图 4-6　TEM 信号向地下扩散示意图

据 M. N. Nabighan(1979)的推导，烟圈的垂向深度(d_r)和半径(R_r)如下：

$$d_r = \frac{4}{\sqrt{\pi}}\sqrt{\frac{t\rho}{\mu_0}} \tag{4-1}$$

$$R_r = \alpha + 2.091\sqrt{\frac{t\rho}{\mu_0}} \tag{4-2}$$

烟圈垂向传播速度为：

$$v = \frac{2}{\sqrt{\pi}}\sqrt{\frac{\rho}{\mu_0 t}} \tag{4-3}$$

式(4-1)～(4-3)中，ρ 为均匀半空间视电阻率；t 为采样延时；μ_0 为空气导磁率；α 为发射回线半径。

如下半空间为层状大地，则式(4-3)中的速度为时间所对应的地层速度，由下列差分式求出：

$$v = \frac{\Delta d}{\Delta t} = \frac{d_j\ d_i}{t_j\ t_i} = \frac{4}{\sqrt{\pi\ \mu_0}}\left(\frac{\sqrt{t_j\,\rho_j}}{t_j}\ \frac{\sqrt{t_i\,\rho_i}}{t_i}\right)^2 t_{ji} \tag{4-4}$$

式中：t_j，t_i 为相邻两延时道取样时间，$t_j > t_i$；ρ_i，ρ_j 为视电阻率。

将式(4-3)改写为视电阻率表达式并将式(4-4)代入，得视电阻率计算公式：

$$\rho_r = 4\left(\frac{\sqrt{t_j\,\rho_j}}{t_j}\ \frac{\sqrt{t_i\,\rho_i}}{t_i}\right)^2 t_{ji} \tag{4-5}$$

所对应的视深度为：

$$H_r = 0.441\,\frac{(d_{r2} + d_{r1})}{2} \tag{4-6}$$

(2)仪器因素

①PROTEM47 接收机

本工程采用加拿大产 PROTEM47 瞬变电磁仪，接收机(图 4-7、图 4-8)是具有 23 位分辨率，270 kHz 带宽，微秒级采样门，并且三分量同时观测的时间域电磁接收系统。该系统可以在时间轴两个量级上观测 20 个门或在时间轴三个量级上观测 30 个门，解决了在有较大勘探深度同时保证浅部要有较高分辨率的矛盾，适合本区探测深度及地形条件。

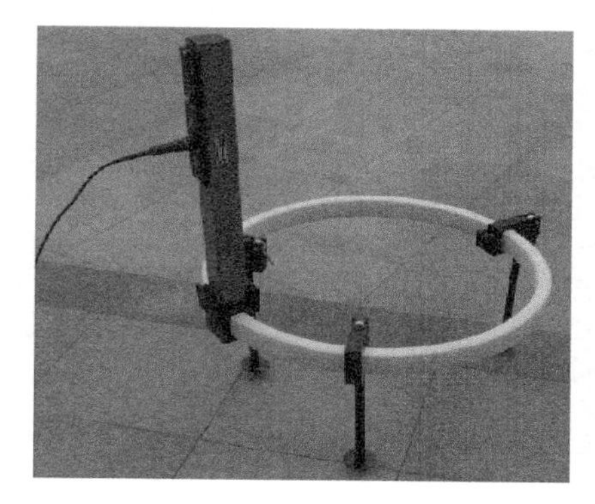

图 4-7 PROTEM47 接收线圈

图 4-8 PROTEM47 接收机

其主要技术指标如下。

观测值：三分量感应磁场的衰减比，nv/m^2；

电磁传感器：空心线圈；

道数：单道接收线圈顺序测量，三分量接收线圈同时测量；

时间门：两个量级时间轴上 20 个门测量，或在三个量级时间轴上 30 个门测量；

动态范围：23 位(132 dB)；

基本频率：0.25，0.625，2.5，6.25，25，62.5，237.5；

积分时间：0.5，2，4，8，15，30，60，120 s；

显示器：240×64 点液晶显示器；

数据管理：固态管理 3300 套数据，RS232 输出；

同频：参考电缆同步或高稳定性石英钟同步；

电源：12 V 可充电电源，可连续工作 8 h。

②PROTEM47 发射机

PROTEM47 发射机(图 4-9)关断时间短，采用参考电缆同步，测量采用 1 匝 40 m×40 m 发射线圈，常用于浅部几米到 60 m 深的探测，并且可获得

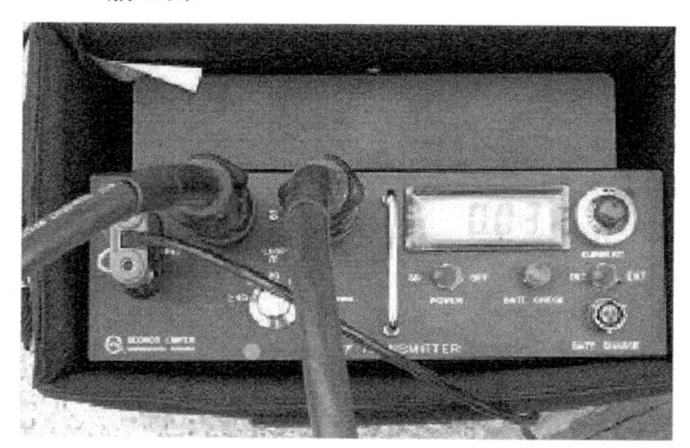

图 4-9 PROTEM47 发射机

很高的浅表分辨率。

主要技术指标如下。

电流波形：偶极方波，正负方波占空系数为50%；

基本频率：25 Hz；

关断时间：220～250 μs；

发射线圈尺寸：40 m×40 m(1 匝)；

输出电压：0～9 V连续变化；

发射电流：2.0～3.4 A；

电源：12 V。

4.3 论证方法选择

论证方法选择如表4-1所示。

表4-1 各单元选用的安全技术论证方法

单元	选用的技术论证方法
地面总体布局单元	安全检查表法
建设项目法律法规程序符合性单元	安全检查表法
尾矿库闭库工程质量单元	资料分析法
排土场地基稳定性单元	资料分析法
尾矿库固结程度及对排土场稳定性影响单元	瞬变电磁探测法
排土场边坡稳定性单元	数值模拟分析法
排土场防洪安全单元	资料分析法/防洪计算法
排土场安全管理现状单元	安全检查表法

第5章　停用尾矿库改建排土场安全技术论证

根据第3章停用尾矿库上改建排土场工程的危险、有害因素辨识结果，将该工程安全技术论证工作分为8个论证单元，并给出了每个技术论证单元采用的论证方法。本章将分别就这8个单元深入地开展安全技术论证工作，为对策措施的提出以及安全技术结论的形成提供依据。

5.1　地面总体布局单元

根据《金属非金属矿山排土场安全生产规则》，采用安全检查表法对某公司停用尾矿库上改建排土场工程地面总体布局的合理性进行论证，见表5-1。

表5-1　停用尾矿库上改建排土场工程地面总体布局安全检查表

序号	检查内容	检查依据	是否符合要求	备注
1	矿山排土场必须由具有相应资质条件的技术服务机构进行设计。	《金属非金属矿山排土场安全生产规则》第5.1条	否	2012年，由长春黄金设计院出具了《某公司停用尾矿库上改建排土场工程可行性研究报告》，且之前排土场的排放按设计图排放，但未出具正式初步设计和安全专篇。
2	排土场位置的选择，应保证排弃土岩时不致因大块滚石、滑坡、塌方等威胁采矿场、工业场地(厂区)、居民点、铁路、道路、输电及通讯干线、耕种区、水域、隧洞等设施的安全。	《金属非金属矿山排土场安全生产规则》第5.2.1条	否	该工程位于某公司选矿厂西北约2 km处的后撮落村东面一个南北延伸的浅沟中。目前已堆置标高430 m处，超过原山脊。外围共有三个村庄，其中撮落新村(约1300人)位于排土场西偏南方向约254 m处，后撮落村(约400人)位于排土场西北部约777 m处，撮落村四队(约150人)位于库区东北侧约534 m处。排土场建设是利用尾矿库的占地使用，下游紧邻村庄，且其东北方向有大片耕地。

续表

序号	检查内容	检查依据	是否符合要求	备注
3	排土场不宜设在工程地质或水文地质条件不良的地带；如因地基不良而影响安全，必须采取有效措施。	《金属非金属矿山排土场安全生产规则》第5.2.2条	否	场地地层稳定，地层分布较均匀，无不良地质作用，场区范围水系不甚发育。地表层耕土不宜做天然地基，已清除。但为了节约利用土地资源，大部分排土场的地基为原尾矿库，应经过充分安全论证。
4	排土场选址时应避免成为矿山泥石流重大危险源，无法避开时要采取切实有效的措施防止泥石流灾害的发生。	《金属非金属矿山排土场安全生产规则》第5.2.3条	否	由于该排土场的特殊性，应纳入重大危险源来管理。
5	排土场址不应设在居民区或工业建筑的主导风向的上风向和生活水源的上游，废石中的污染物按照《一般工业固体废物储存、处置场污染控制标准》堆放、处置。	《金属非金属矿山排土场安全生产规则》第5.2.4条	是	废石场规划的场址不在该地区主导风向的上风向和生活水源的上游。
6	排土场位置选定后，应进行专门的工程、地质勘探，进行地形测绘，并分析确定排土参数。	《金属非金属矿山排土场安全生产规则》第5.3条	否	排土场建设前未进行工程勘察，后期勘察工程由中冶沈勘工程技术有限公司完成《某公司废石堆场岩土工程勘察报告》(2010年6月)。
7	内部排土场不得影响矿山正常开采和边坡稳定，排土场坡脚与矿体开采点和其他构筑物之间应有一定的安全距离，必要时应建设滚石或泥石流拦挡设施。	《金属非金属矿山排土场安全生产规则》第5.4条	是	为外部排土场，满足安全距离要求。
8	排土场的阶段高度、总堆置高度、安全平台宽度、总边坡角、相邻阶段同时作业的超前堆置高度等参数，应满足安全生产的要求在设计中明确规定。	《金属非金属矿山排土场安全生产规则》第5.6条	否	该排土场的阶段高度、总堆置高度、安全平台宽度、总边坡角等参数已作出规定，未对相邻阶段同时作业的超前堆置高度参数作出规定。

续表

序号	检查内容	检查依据	是否符合要求	备注
9	山坡排土场周围应修筑可靠的截洪和排水设施拦截山坡汇水。	《金属非金属矿山排土场安全生产规则》第7.1条	是	排土场周边的边坡脚附近设有环绕排土场的浆砌石排水沟，作为排土场的主排水设施。
10	当排土场范围内有出水点时，必须在排土之前采取措施将水疏出。排土场底层应排弃大块岩石，并形成渗流通道。	《金属非金属矿山排土场安全生产规则》第7.3条	是	为加速原尾矿库的固结过程，有效降低由于上覆荷载增加引起的超静孔隙水压力的抬升，在尾矿库上部排弃大块岩石，加速固结。排土场本身未发现出水点。

项目组根据《金属非金属矿山排土场安全生产规则》，对某公司停用尾矿库上改建排土场工程地面总体布局进行了检查。共检查10项内容，其中6项内容不符合规则要求。

通过地面总体布局单元分析论证发现，排土场位置选择主要考虑尾矿库本身土地综合利用，除下覆尾矿库外，两岸山体边坡接触区域较稳固，排土场本身汇水面积不大，排土场周边修建了排水沟，运行中期进行了工程地质勘察。但存在如下问题：

(1)设计单位未出具正式初步设计安全专篇，考虑到该资料的重要性，建议设计单位补充排土场运行安全如何保证的报告，作为今后排土场运行的依据。

(2)排土场下游紧邻村庄，应高度重视排土场运行安全。

(3)制定排土场日常巡检及出水点检查制度，并做好记录。

5.2　建设项目法律法规程序符合性单元

根据《建设项目安全设施"三同时"监督管理暂行办法》和《尾矿库安全技术规程》，采用安全检查表法对某公司停用尾矿库上改建排土场工程法律法规程序符合性进行论证，见表5-2。

表 5-2 停用尾矿库上改建排土场工程程序符合性安全检查表

序号	检查内容	检查依据	是否符合要求	备注
1	对停用的尾矿库应按正常库标准,进行闭库整治设计,确保尾矿库防洪能力和尾矿坝稳定性系数满足本规程要求,维持尾矿库闭库后长期安全稳定。	《尾矿库安全技术规程》7.1.1	是	2009 年 9 月,鞍山冶金设计研究院有限责任公司完成《某公司尾矿库闭库设计》。闭库设计中表示,按此方案闭库可保证尾矿库防洪安全和坝体稳定。
2	经批准闭库的尾矿库重新启用或移作他用时,必须按照本规程尾矿库建设的规定进行技术论证、工程设计、安全评价,并经安全部门批准。	《尾矿库安全技术规程》8.1	否	2009 年 7 月,吉林某安全评价有限公司完成《吉林某公司有限责任公司 1# 2# 尾矿库安全现状评价报告》;2012 年 2 月,长春黄金设计院完成《某公司停用尾矿库上改建排土场工程可行性研究报告》。 该尾矿库未经闭库验收,尾矿库重新启用进行了可研,缺少工程设计安全专篇和安全评价。
3	下列建设项目在进行可行性研究时,生产经营单位应当分别对其安全生产条件进行论证和安全预评价: (一)非煤矿矿山建设项目; ……	《建设项目安全设施"三同时"监督管理暂行办法》第七条	否	未对该排土场进行安全生产条件论证和安全预评价。
4	生产经营单位应当委托具有相应资质的安全评价机构,对其建设项目进行安全预评价,并编制安全预评价报告。	《建设项目安全设施"三同时"监督管理暂行办法》第九条	否	未委托有资质机构对该工程进行安全预评价。
5	生产经营单位在建设项目初步设计时,应当委托有相应资质的设计单位对建设项目安全设施进行设计,编制安全专篇。	《建设项目安全设施"三同时"监督管理暂行办法》第十一条	否	该工程未进行初步设计,未编制安全专篇。

续表

序号	检查内容	检查依据	是否符合要求	备注
6	本办法第七条第(一)项、第(二)项、第(三)项规定的建设项目安全设施设计完成后,生产经营单位应当按照本办法第五条的规定向安全生产监督管理部门提出审查申请,并提交下列文件资料:(一)建设项目审批、核准或者备案的文件;(二)建设项目安全设施设计审查申请;(三)设计单位的设计资质证明文件;(四)建设项目初步设计报告及安全专篇;(五)建设项目安全预评价报告及相关文件资料;……	《建设项目安全设施"三同时"监督管理暂行办法》第十三条	是	企业在排土场使用后,以请示形式上报安全监管部门,并逐级上报请示到国家安全监管总局,希望通过安全技术论证对历史遗留进行全面梳理。

项目组依据《尾矿库安全技术规程》和《建设项目安全设施"三同时"监督管理暂行办法》对该尾矿库改建排土场工程的法规程序进行了符合性论证。

该公司 2# 尾矿库于 2008 年停止使用。2008 年委托中冶沈勘工程技术有限公司对 1#、2# 尾矿库进行了岩土工程勘察。2009 年对 1#、2# 尾矿库进行了安全现状评价,同时,对 1#、2# 尾矿库进行了闭库工程设计。2010 年 6 月,公司按照闭库工程设计,对尾矿库表面进行了覆盖,委托吉林省长泓水利工程有限公司对 1# 溢流槽和 2# 溢流井实施封堵工程。2008 年公司扩建后,排土场占地一直未得到解决,为缓解征地困难给企业正常生产带来的影响,公司提出了在 1#、2# 尾矿库上改建排土场的提案。2010 年,对废石堆场进行了岩土工程勘察。

综上所述,企业在尾矿库重新启用改建排土场工作中未严格按照"三同时"要求,其所在省市安监局对此情况和排土场的安全高度重视,委托中国安全生产科学研究院,对该排土场的安全性进行全面论证,以寻求科学合理的监管对策。

5.3 尾矿库闭库工程质量单元

2009 年 9 月中国冶金矿业鞍山冶金设计研究院有限责任公司提交了《某公司尾矿库闭库工程设计》,根据闭库设计于 2010 年 6 月开始实施闭库工程施工。施工单位为吉林省长泓水利工程有限公司,监理单位为铁法煤业集团建设工程监理有限公司,施工单位和监理单位均具有相应的资质。

5.3.1 1# 溢流槽和 2# 溢流井封堵隐蔽工程记录情况分析

根据某公司钼矿尾矿库 1# 溢流井、2# 溢流槽封堵工程隐蔽施工检查情况来分析论证原尾矿库排水设施封堵工程完成情况，检查内容见表 5-3。

表 5-3　1# 溢流槽和 2# 溢流井封堵工程隐蔽工程记录检查表

序号	隐蔽项目	施工单位检查情况	隐蔽验收结论
1	井基础砂回填	井内回填长 2 m、高 1.2 m、宽 1 m 的粗砂，填完后铺土工布一层，土工布厚度为 1.6 mm，施工符合设计及施工规范等要求	同意隐蔽
2	井基础砾石回填	井内回填砾石长 2 m、高 1.2 m、宽 1 m，砾石粒径为 2～60 mm，填完后铺土工布一层，土工布厚度为 1.6 mm，施工符合设计及施工规范等要求	同意隐蔽
3	井基础碎石回填	井内回填碎石长 2 m、高 1.2 m、宽 1 m，砾石粒径为 20～40 mm，填完后铺土工布一层，土工布厚度为 1.6 mm，施工符合设计及施工规范等要求	同意隐蔽
4	井基础小块石回填	井内回填小块石长 1 m、高 1.2 m、宽 1 m，小块石粒径为 50～100 mm，填完后铺土工布一层，土工布厚度为 1.6 mm，施工符合设计及施工规范等要求	同意隐蔽
5	井基础	井内灌入 1 m 小块石、2 m 碎石、2 m 粗砂，施工符合设计及施工规范等要求	同意隐蔽

综合上表可见，某公司尾矿库闭库工程中隐蔽工程包括 1# 溢流槽和 2# 溢流井封堵工程，施工质量能够满足规范及设计要求，具有完备的经过监理和企业确认的隐蔽工程记录。

5.3.2 尾矿库其他各单项工程施工情况

对原尾矿库其他各单项工程施工情况，项目组未得到当时各单项工程施工材料，因此依据矿方提供的描述性资料来进行分析论证。

(1)在闭库设计中，经坝坡稳定计算，尾矿坝外坡坡比小于 1∶2.4，在闭库施工中利用采矿剥离废石压坡到 1∶2.5。企业在闭库施工中严格按照设计进行压坡加固施工。

(2)1# 尾矿库和 2# 尾矿库库内尾矿滩面上原有尾矿澄清水洼地，按照设计要求，洼地内积水已有组织地排出库区，并采用剥离废石覆盖 3～5 m，以加速尾矿库整体固结程度，并向四周形成 2%～3%的自然排水坡度。

(3)企业已经在尾矿坝面覆盖一层厚度为 4～10 m 的素填土。素填土是由山皮土、碎石、块石以及黏性土组成。

(4)为加厚坝体,除了用于覆盖库区表面的废石外,所有废石排放首先自原尾矿库外围排放,加厚了原尾矿库坝体。

综上所述,某公司原1#、2#尾矿库闭库工程能够按照闭库设计要求组织施工,保质完成尾矿库闭库其他各单项工程。

5.4 排土场地基稳定性单元

该排土场地基可分为两类:一类为直接坐落在天然地层的地基。即对于整个堆场来说,西、北、东三侧废石自库区外侧自然地面排放。另一类地基为原停用尾矿库。因此,分析该排土场基础稳定性,对于这种特殊类型排土场今后的安全管理具有重要意义。

本单元着重参考《某公司尾矿库岩土工程勘察技术报告书》(中冶沈勘工程技术有限公司,2008年9月)、《某公司废石堆场岩土工程勘察报告》(中冶沈勘工程技术有限公司,2010年6月)及某公司钼矿尾矿库1#溢流槽、2#溢流井封堵工程资料等相关资料,对排土场稳定性进行分析。

5.4.1 天然地层地基稳定性分析

根据工程地质勘察结果,1#、2#尾矿库外地层由上而下依次为:

①$_2$耕土:主要由黏性土及植物根系组成,松散。该层分布连续,层厚0.3~0.7 m。

⑤粉质黏土:黄褐色,摇震反应无,稍有光泽,干强度中等,韧性中等。含15%左右的碎石和角砾,可塑。该层分布连续,层厚0.9~11.4 m。

⑥碎石含黏土:由结晶岩组成,棱角形,混粒结构,级配差,一般粒径20~40 mm,最大粒径120 mm,充填约15%的混粒砂及黏性土,中密。该层分布不连续,最大层厚6.5 m。

⑦$_1$花岗岩(全风化):黄褐色—灰褐色,主要矿物成分为长石(斜长石、钾长石)、石英,岩芯呈砂土状,湿,中密。该层分布连续,层厚25.8~42.00 m。

⑦花岗岩(中风化):黄褐色—灰褐色,主要矿物成分为长石(斜长石、钾长石)、石英,中粗粒结构,块状构造,节理裂隙较发育,岩芯呈短柱状、碎块状,锤击可碎,为较破碎较软岩,岩体基本质量等级为Ⅳ级,中风化。该层分布连续,勘探深度内未穿透,最大揭露层厚7.1 m。

工程地质勘察结论如下:

(1)勘察场地地层稳定,地层分布较均匀,无不良地质作用,可以建筑。

(2)场地除①$_2$耕土呈松散状态,不宜做天然地基外,其余各层土均可做天然地基。其地基承载力特征值 f_{ak} 及压缩模量 E_s(变形模量 E_o)可采用下列数值:

⑤粉质黏土　$f_{ak}=160$ kPa　$E_s=5.0$ MPa

⑥碎石含黏土　$f_{ak}=580$ kPa　$E_s=38.5$ MPa

⑦$_1$花岗岩(全风化)　$f_{ak}=400$ kPa　$E_s=33.5$ MPa

⑦花岗岩(中风化)　$f_{ak}=1500$ kPa

(3)当天然地基不满足设计要求时,排土场建设时采用地基处理方法,采用强夯加固或水泥土搅拌桩复合地基,处理后复合地基承载力特征值已经检测满足要求。

(4)综合现场及室内压缩试验结果,废石堆积体的颗粒密度 ρ(干密度,g/cm^3)、黏聚力 C(kPa)、内摩擦角 ϕ(°)、压缩模量 E_s 建议按下值采用:

$\rho=2.11$ g/cm^3　$C=0.0$ kPa　$\phi=35.0°$　$E_s=24.88$ MPa

排放堆石体的密实度分析及堆石体的物理力学指标详见《某公司废石堆场现场及室内试验报告》。

(5)根据本次勘察所取试样的室内土工试验、现场原位测试以及在下部农田对⑤粉质黏土的现场剪切试验结果,综合确定本次勘察场地勘察深度范围内各土层的质量密度 ρ(g/cm^3)、黏聚力 C(kPa)、内摩擦角 ϕ(°)如下:

⑤粉质黏土　$\rho=1.89$ g/cm^3　$C=44.5$ kPa　$\phi=14.6°$

⑥碎石含黏土　$\rho=2.04$ g/cm^3　$C=0.0$ kPa　$\phi=35.0°$

⑦$_1$花岗岩(全风化)　$\rho=2.02$ g/cm^3　$C=0.0$ kPa　$\phi=34.0°$

⑦花岗岩(中风化)　$\rho=2.65$ g/cm^3　$C=0.0$ kPa　$\phi=36.0°$

(6)勘察区域存在两条岩石破碎带,各破碎带产状要素依次为:F1 走向西南—东北,倾向西北,倾角 65°,宽度 10～20 m;F2 走向基本西北—东南,倾向东北,倾角 50°,宽度 10～25 m。各破碎带产状要素情况详见《某公司废石堆场工程物探测试报告书》。

(7)勘察期间所有钻孔在勘探深度内均遇见地下水,其类型为上层滞水。该地下水主要赋存在⑤粉质黏土层中,稳定水位埋深为 0.30～3.70 m,相应标高为 339.37～354.89 m。该地下水以大气降水为补给来源。根据水质分析结果判定:该地下水对混凝土结构及钢筋混凝土结构中钢筋有微腐蚀性。

(8)场地抗震设防烈度为 7 度,设计基本地震加速度值为 0.10 g,设计地震分组为第一组。场地土类型为:①$_2$耕土为软弱土;⑤粉质黏土为中软土;⑥碎石含黏土、⑦$_1$花岗岩(全风化)为中硬土;⑦花岗岩(中风化)为岩石。建筑场地类别为Ⅱ类,设计特征周期为 0.35 s。场地不存在饱和砂土和饱和粉土,可不考虑液化问题,为可以建设的一般场地。

(9)场地标准冻结深度为 1.60 m。⑤粉质黏土为冻胀土,冻胀等级为Ⅲ级。

尾矿库外排土场地基为天然地基，在排放废石前矿方已将不宜做天然地基的耕土层清除。

坐落在天然地层上的部分主要在现排土场东北侧，也就是现状排土场的下部即高程 350～390 m 预留的安全平台处。在如下坐标范围内：

①525 425.117,4 819 229.783； ②525 447.902,4 819 290.302；

③525 436.779,4 819 320.052； ④525 392.609,4 819 372.975；

⑤525 396.519,4 819 417.867； ⑥525 388.148,4 819 459.270；

⑦525 368.649,4 819 474.393； ⑧525 359.208,4 819 476.836；

⑨525 316.236,4 819 477.476； ⑩525 280.713,4 819 470.695；

⑪525 278.454,4 819 466.384； ⑫525 336.455,4 819 340.840。

此面积为：162 100 m^2。排土场在排筑废石前，排土场地基进行了清理，已达到 3 类土地层的要求。

项目组认为，尾矿库外排土场地基比较稳定。

5.4.2 尾矿库上的排土场地基稳定性分析

(1)尾矿坝堆积物的组成及其分布规律

根据尾矿库岩土工程勘察钻探资料，场地地层主要由素填土、尾矿堆积物及天然地层组成。其中素填土主要由山皮土、碎石、块石及黏性土组成；尾矿堆积层组成主要由尾细砂和尾粉砂组成。在尾粉砂中夹有 3 个亚层：尾粉土、尾黏土和尾粉质黏土。尾矿堆积物在水平方向上及在垂直方向上都较均匀，但其中薄夹层很多，有的呈透镜体出现。总体来看，堆积有一定规律，但各层之间犬牙交错，微细薄层很多。

在尾矿堆积层的下部为天然地层，主要由粉质黏土、碎石含黏土及花岗岩组成。详细地层综合描述如下：

①素填土：主要由山皮土、碎石、块石及黏性土等组成，松散。

$①_1$素填土：该层在初期坝部位，主要由块石、碎石及黏性土组成，一般粒径 40～60 mm，最大粒径 160 mm，充填 20%左右的黏性土，稍湿，松散。

②尾细砂：黄褐色—灰绿色，主要矿物成分为石英、长石等，棱角形，分选不佳，一般为均粒结构，并具较明显的交错层理，局部有尾黏土及尾粉砂薄夹层，呈松散—稍密状态，稍湿。

③尾粉砂：黄褐色—灰绿色，主要矿物成分为石英、长石等，棱角形，分选不佳，一般为均粒结构，并具较明显的交错层理，局部有尾黏土、尾粉土以及尾细砂薄夹层，呈松散—稍密状态，水上稍湿，水下饱和。

③-1 尾粉土：灰绿色，无光泽，干强度低，韧性低，摇震反应迅速，松散，稍湿。

③-2 尾粉土：灰绿色，无光泽，干强度低，韧性低，摇震反应迅速，松散—稍密，水上稍湿，水下饱和。

③-3 尾黏土：灰绿色，有光泽，干强度高，韧性高，摇震反应无，局部夹尾粉土及尾粉砂薄层，软塑。

④尾粉砂：黄褐色—灰绿色，主要矿物成分为石英、长石、白云石等，棱角形，分选不佳，一般为均粒结构，并具较明显的交错层理，局部有尾黏土、尾粉土以及尾细砂薄夹层，呈稍密状态，水上稍湿，水下饱和。

④-1 尾粉土：灰绿色，无光泽，干强度低，韧性低，摇震反应迅速，稍密，饱和。

④-2 尾黏土：灰绿色，有光泽，干强度高，韧性高，摇震反应无，局部夹尾粉土及尾粉砂薄层，软塑。

④-3 尾粉质黏土：灰绿色，稍有光泽，干强度中等，韧性中等，摇震反应无，局部夹尾粉土及尾粉砂薄层，可塑。

⑤粉质黏土：黄褐色，摇震反应无，稍有光泽，干强度中等，韧性中等，含15%左右的碎石和角砾，可塑。

⑥碎石含黏土：由结晶岩组成，棱角形，混粒结构，级配差，一般粒径为20～40 mm，最大粒径120 mm，充填约15%的混粒砂及黏性土，中密。

⑦花岗岩(中风化)：黄褐色—灰褐色，主要由石英、长石等矿物组成，中、粗粒结构，块状构造，节理裂隙发育，岩芯呈碎石、短柱状，中风化。

(2)尾矿堆积层及天然地层的物理力学性质分析

从统计表可知：②尾细砂、③尾粉砂、③-1 尾粉土、③-2 尾粉土呈松散状态；④-1 尾粉土、④尾粉砂呈稍密状态；③-3 尾黏土、④-2 尾黏土呈软塑状态，具高压缩性；④-3 尾粉质黏土、⑤粉质黏土呈可塑状态，具高压缩性；⑥碎石含黏土呈中密状态；⑦花岗岩呈中风化状态。

从土分析试验结果可以看出，该尾矿堆积层在垂直方向的天然密度和干密度从上到下由小变大，孔隙比变小，含水量由小变大明显。

(3)尾矿库水文地质条件

勘察期间，该尾矿坝浸润线深度为1.0～21.6 m，考虑到后期堆石体压载增加，浸润线将进一步降低。

根据所取土试样的垂直、水平方向渗透试验的统计结果可知，②尾细砂和③尾粉砂、③-1 尾粉土、③-2 尾粉土、④尾粉砂、④-1 尾粉土为透水层，③-3 尾黏土、④-2 尾黏土、④-3 尾粉质黏土为弱透水层。该尾矿堆积层的渗透系数一般来讲水平方向较垂直方向变化不大。尾矿堆积层的渗透性从上到下有从大到小的趋势。

(4)尾矿库场地地震效应

场地抗震设防烈度为7度，设计基本地震加速度值为0.10 g。设计在地震分组为第一组。

场地存在饱和尾砂土，根据标贯试验结果，按照 GB 50011—2001《建筑抗震设计规范》中 4.3.4-1 和 4.3.4-2 式进行了场地饱和砂土液化势判别。

经判别场地内饱和砂土在深度 20 m 范围内不液化。

(5)尾矿库岩土勘察结论

该尾矿库的堆积物主要由②尾细砂、③尾粉砂、③-1 尾粉土、③-2 尾粉土、③-3 尾黏土、④尾粉砂、④-1 尾粉土、④-2 尾黏土和④-3 尾粉质黏土组成。其中③-1 尾粉土、③-2 尾粉土和③-3 尾黏土、④-1 尾粉土、④-2 尾黏土、④-3 尾粉质黏土以夹层形式存在于③尾粉砂及④尾粉砂中，勘察期间揭露尾矿最大堆积厚度 41.3 m。沉积滩面坡度约 2%，干滩长度 60～80 m。

(6)尾矿库闭库工程

该尾矿库闭库按照闭库工程设计进行了工程施工：

①从尾矿坝的工程地质勘察所揭露的坝体结构断面，尾矿坝面均覆盖一层厚度为 4～6 m 的素填土。素填土是由山皮土、碎石、块石以及黏性土组成。

②由于闭库后尾矿堆积坝上覆盖废石已超过原设计荷载高度，因此无法确认维持闭库后长期的安全。矿方按照尾矿库闭库工程设计，于 2010 年 6 月对原有排水设施(1# 溢流槽、2# 溢流井)进行堵塞施工，以防一旦出现结构损坏会跑渣冒水无法修复。

综合上述资料分析，项目组认为，以该尾矿库作为排土场基础，应给予高度重视，尾矿库对排土场稳定性影响应通过对排土场边坡稳定性分析确定。定性分析认为，尾矿库本身的固结程度、尾矿物理学性质及尾矿坝坝体型式是决定排土场是否稳定的三个关键问题。本书采用探测方法判断尾矿库固结程度，取样做尾矿物理力学性质分析。

5.5 尾矿库固结程度及对排土场稳定性影响单元

本单元采用瞬变电磁法，分别在 1#、2# 尾矿库跨越坝体位置选择 4 条典型探测线，利用 PROTEM47D 瞬变电磁勘探系统勘探水体及洞体分布情况，从而可以判定尾矿库固结程度及排土场废石堆积密实情况。

5.5.1 排土场物探勘察工程

(1)主要工作参数选择

根据本次勘探要求，结合该矿的钻孔资料，通过试验和资料处理工作，确定在此次瞬变电磁勘探野外施工中选择如下工作参数，可以满足勘探任务的需要。

发射线框采用 40 m×40 m，接收采用专用三分量线圈。本次采样道数使用 20 门。

主要工作参数如下。

仪器：PROTEM47D 瞬变电磁勘探系统；

同步方式：线缆同步；

发射框：40 m×40 m；

频率：237.5 Hz；

电流：2.5 A；

积分时间：15 s；

增益：$2^2 \sim 2^3$。

(2)勘探工作量

根据勘探任务和设计的要求，完成瞬变电磁勘探测线 4 条，实际测量物理点 83 个，点距为 10 m，质量检查点 4 个，试验点 6 个，共计瞬变电磁法总物理点 93 个。

(3)数据处理

瞬变电磁法观测数据是各测点各个时窗(测道)的瞬变感应电压，须换算成视电阻率、视深度等参数，才能对资料进行下一步解释，主要步骤如下。

①滤波：由于测区内人为活动频繁，存在较大的人为噪声，故在资料处理前首先要对采集到的数据进行滤波，消除噪声，对资料进行去伪存真。

②时深转换：瞬变电磁仪器野外观测到的是二次场电位随时间变化，为便于对资料的认识，需要将这些数据变换成电阻率随深度的变化。

③绘制参数图件：首先从全区采集的数据中选出每条测线的数据，绘制各测线视电阻率断面图，即沿每条测线电性随深度的变化情况。然后依据煤底板等高线等地质资料绘制出不同层位的视电阻率切片图。

视电阻率计算公式为：

$$\rho_t = \frac{u_0}{4\pi t}\left[\frac{2}{5}\frac{u_0 mq}{tV(t)}\right]^{\frac{2}{3}} \tag{5-1}$$

式中：t 为时窗时间，m 为发射磁矩，q 为接收线圈的有效面积，$V(t)$是感应电压。

视纵向电导S_t和视深度h_t的计算表达式为：

$$S_t = \frac{16\pi^{1/3}}{(3Aq)^{1/3}\ u_0^{\ 4/3}}\ \frac{[V(t)/I]^{5/3}}{[\mathrm{d}(V(t)/I)/\mathrm{d}t]^{4/3}} \tag{5-2}$$

式中：$V(t)/I$ 是归一化感应电压，A 为发射回线面积，$\mathrm{d}(V(t)/I)/\mathrm{d}t$ 是归一化感应电压对时间的导数。

$$h_t = \left[\frac{3Aq}{16\pi(V(t)/I)\ S_t}\right]^{1/4} - \frac{t}{u_0\ S_t} \tag{5-3}$$

本次一维层状反演主要采用美国 INTERPEX 公司的 TEMIXXL V4.0 软

件进行处理。

5.5.2 各测线断面图分析

本次物探工作测区异常基本反映该区地质地球物理情况，在视电阻率断面图中横坐标为测点号(即距离)，纵坐标为深度；椭圆及粗红线为异常区的位置，蓝色—天蓝色—绿色—黄色—红色的过渡表示视电阻率值由低阻到高阻的变化过程。

(1)T1 线断面图分析(见图 5-1、图 5-2)

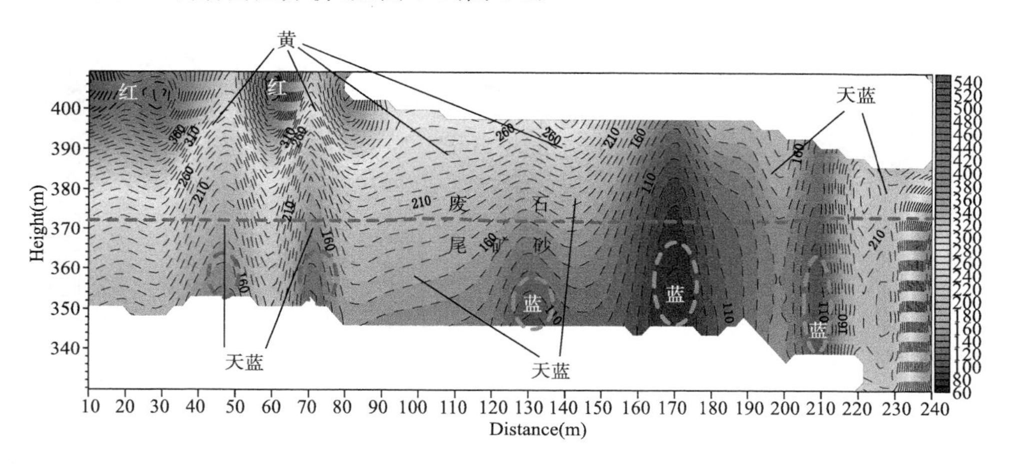

图 5-1 T1 线视电阻率断面图

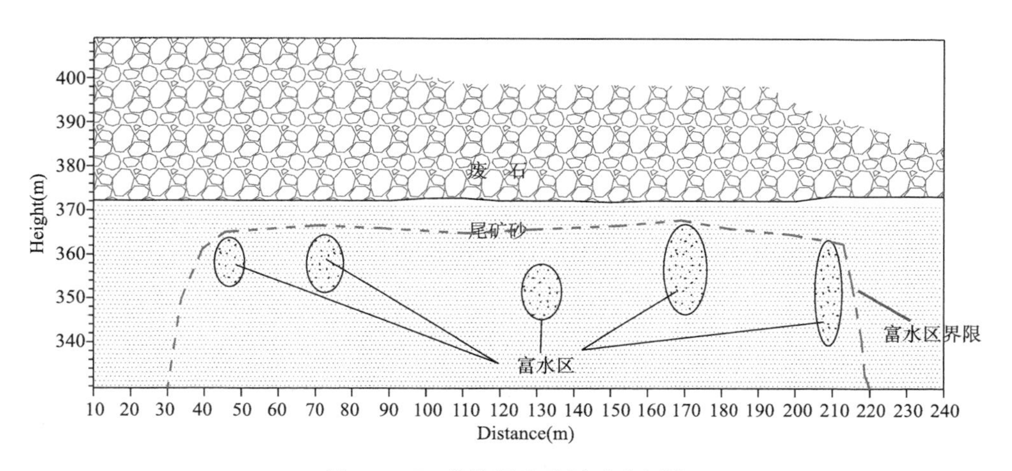

图 5-2 T1 线推断地质剖面示意图

该探测线位于测区的北侧，近南北向布设，测点号由南向北逐渐增大。

从图 5-1 和图 5-2 中可以看出，视电阻率等值线上部变化较为紊乱，下部变化较为平缓，视电阻率由浅入深逐渐减小，浅部视电阻率普遍大于 200 Ω · m，结合地质资料分析是尾矿库上部碎石、块石及黏性土等及下部尾细砂、尾粉砂等岩性的综合电性反应。

在30～200号点、主要深度20 m以下，视电阻率整体呈低阻反应，视电阻率普遍小于150 Ω·m，分析是尾细砂、尾粉砂电阻率较低的电性反应。其中在50、70、130、170和210号点附近发现5个明显相对于周围岩性电阻率更低(绿色虚线圈划位置)，视电阻率等值线呈闭合和半闭合圈反应，分析是部分区域尾矿库下部尾粉砂等岩性孔隙度较大、赋水性较大的电性反应。

(2)T2线断面图分析(见图5-3、图5-4)

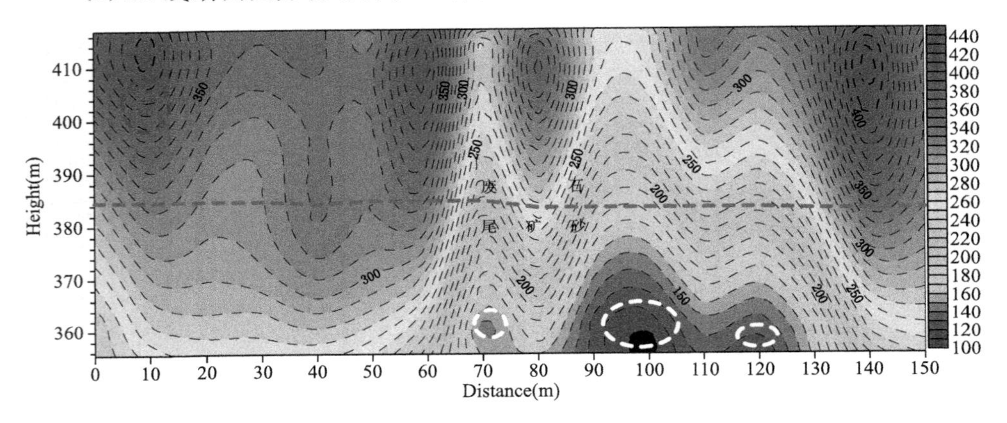

图5-3　T2线视电阻率断面图

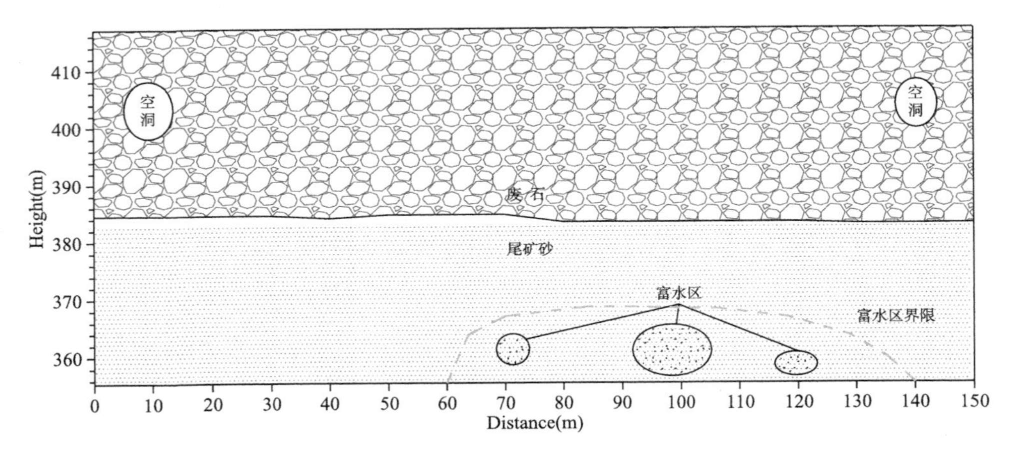

图5-4　T2线推断地质剖面示意图

该断面图位于测区的南侧，近东西向布设，测点方向由西向东逐渐增大。

从图5-3和图5-4中可以看出，视电阻率等值线上部变化较为紊乱，有多个高阻闭合及半闭合圈分布，下部变化较为平缓，视电阻率由浅入深逐渐增大，浅部视电阻率普遍大于 250 Ω·m,结合地质资料分析是尾矿库上部碎石、块石及黏性土等及下部尾细砂、尾粉砂等岩性的综合电性反应。

从图中看出西部的视电阻率整体明显高于东部,分析上部碎石、块石及黏性土相对较厚及下部尾细砂、尾粉砂等岩性孔隙度致密的综合电性反应。在 60～140 号点、主要深度 25 m 以下,视电阻率整体呈低阻反应,视电阻率普遍小于 200 Ω·m,分析是尾细砂、尾粉砂电阻率较低的电性反应。其中在 70、100 和 120 号点附近发现 3 个明显相对于周围岩性电阻率更低(绿色虚线圈划位置),视电阻率等值线呈闭合和半闭合圈反应,分析是部分区域尾矿库下部尾粉砂等岩性孔隙度较大、赋水性较大的电性反应;在 10 号和 140 号点附近、深度 20 m 左右,视电阻率等值线明显呈高阻闭合圈反应(红色虚线圈划位置),结合地质资料分析是该处碎石、块石堆积不密实造成空洞的电性反应。

(3)T3 线断面图分析(见图 5-5、图 5-6)

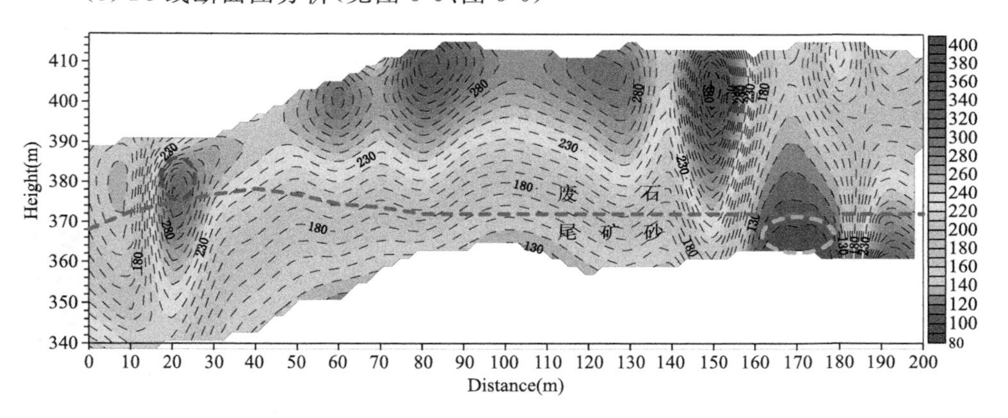

图 5-5 T3 线视电阻率断面图

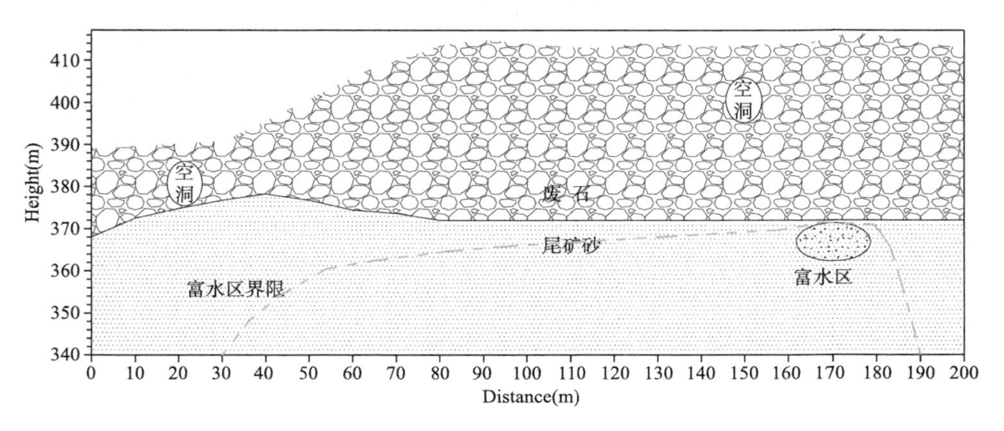

图 5-6 T3 线推断地质剖面示意图

该断面图位于测区的南侧，近东西向布设，测点方向由西向东逐渐增大。

从图 5-5 和图 5-6 中可以看出，视电阻率等值线上部变化较为紊乱，有多个高、低阻闭合及半闭合圈分布，下部变化较为平缓，视电阻率由浅入深逐渐增大，浅部视电阻率普遍大于 250 Ω·m，部分区域视电阻率变小，结合地质资料分析是尾矿库上部碎石、块石及黏性土等及下部尾细砂、尾粉砂等岩性的综合电性反应。

在 10、170 和 190 号点之间、深度 20 m 以浅，视电阻率呈低阻反应，呈闭合圈分布，分析是尾矿库上部碎石、块石及黏性土等岩性孔隙较大、充水的电性反应。在 30～180 号点、主要深度 30 m 以下，视电阻率整体呈低阻反应，视电阻率普遍小于 200 Ω·m，分析是尾细砂、尾粉砂电阻率较低的电性反应。其中在 170 号点附近发现明显相对于周围岩性电阻率更低（绿色虚线圈划位置），视电阻率等值线呈闭合和半闭合圈反应，分析是部分区域尾矿库下部尾粉砂等岩性孔隙度较大、赋水性较大的电性反应；在 20 号和 150 号点附近、深度 20 m 左右，视电阻率等值线明显呈高阻闭合圈反应（红色虚线圈划位置），结合地质资料分析是该处碎石、块石堆积不密实造成空洞的电性反应。

（4）T4 线断面图分析（见图 5-7、图 5-8）

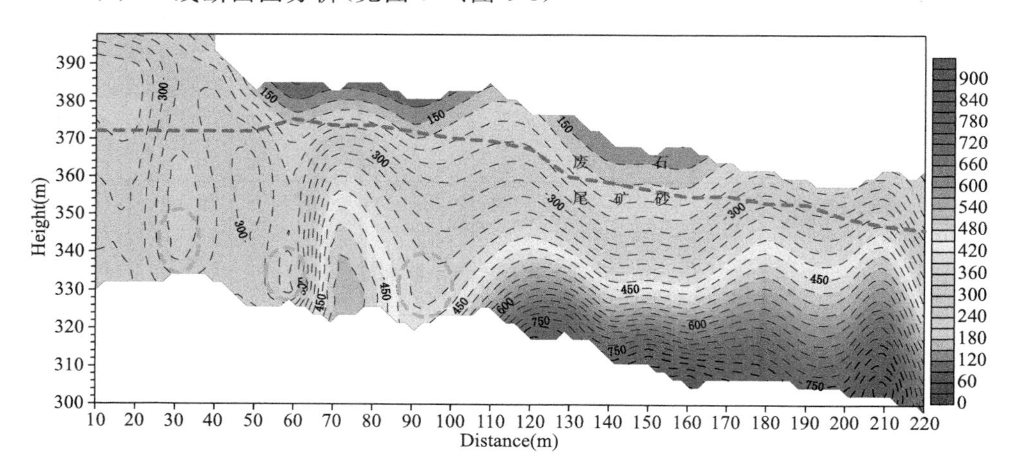

图 5-7　T4 线视电阻率断面图

该断面图位于测区的北侧，近南北向布设，测点方向由南向北逐渐增大。

从图 5-7 和图 5-8 中可以看出，整体电阻率等值线变化较为平稳，视电阻率等值线由浅入深逐渐增大，浅部视电阻率普遍小于 150 Ω·m、深部视电阻率普遍大于 400 Ω·m，结合地质资料分析是上部是尾细砂、尾粉砂等及下部花岗岩的总体电性反应。

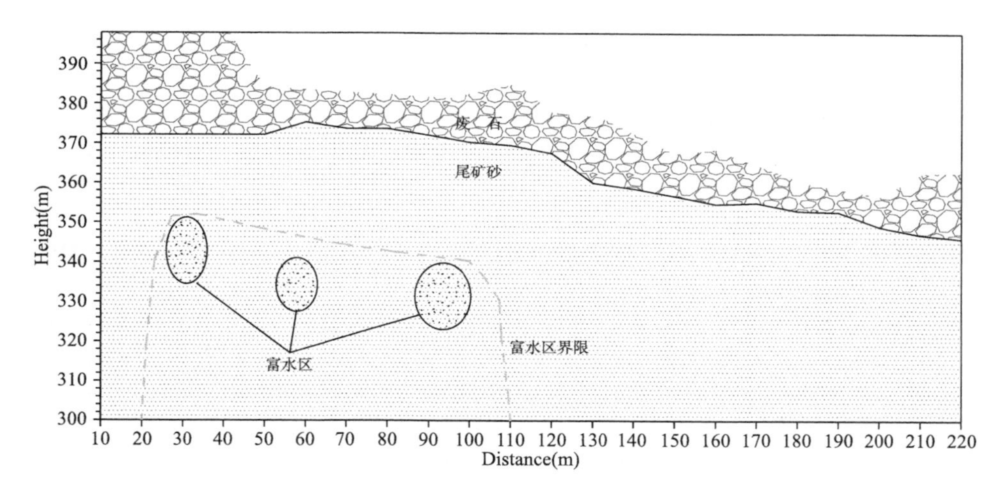

图 5-8 T4 线推断地质剖面示意图

在 20～60 号点，视电阻率等值线变化较为紊乱，视电阻率整体呈低阻反应（绿色虚线圈划位置），分析是尾细砂、尾粉砂孔隙度较大的电性反应；在 100 号点左右，视电阻率等值线明显呈 U 字型变化，低阻明显（绿色虚线圈划位置），分析是花岗岩岩石破碎、赋水的电性反应。

5.5.3 尾矿库固结程度和排土场废石密实度论证

（1）划分原则

本次瞬变电磁勘探尾矿库富水区、空洞区的确定和划分原则如下：

①富水区一般低阻异常明显，高、低阻梯度较大，划分富水区界线一般在等值线的变化带上；

②空洞区往往呈明显的高阻闭合圈分布，闭合圈梯度变化较大，因此分析空洞区一般在梯度变化较大及视电阻率明显较高的闭合圈上。

（2）探测异常区统计

在本次测线附近发现 12 个面积、埋深、高度等均不同的富水区和 4 个高阻异常区，分别推断为尾矿库不同岩性孔隙度较大、赋水性较强的电性反应和上部碎石、块石堆积不均匀造成空洞的电性反应，现将各个富水区和高阻异常区的大致特征列表（表 5-4）如下。

表 5-4　异常区统计表

编号	线号	范围	标高(m)	埋深(m)	异常区标高(m)	面积(m^2)	性质
M1	T2	70 左右	422.35	50 左右	372.35	77	尾细砂、尾粉砂
M2	T2	90～100	422.15～421.95	45 以下	(377.15～376.95)以下	316	尾细砂、尾粉砂
M3	T2	120 左右	421.25	45 以下	376.25 以下	108	尾细砂、尾粉砂
M4	T3	0～10	398.55～396.15	20 左右	378.55～376.15	118	碎石、块石
M5	T3	170 左右	420.85	20	400.85	76	碎石、块石
		160～180	420.05～421.05	40 以下	(380.05～381.05)以下	409	尾细砂、尾粉砂
M6	T3	190～200	421.35～421.25	12 左右	409.35～409.25	98	碎石、块石
M7	T1	30 左右	411.95	45 左右	366.95	243	尾细砂、尾粉砂
M8	T1	70 左右	412.25	45 左右	367.25	150	尾细砂、尾粉砂
M9	T1	130 左右	402.15	45 左右	357.15	210	尾细砂、尾粉砂
M10	T1	170 左右	403.75	30～50 间	373.75～353.75	110	尾细砂、尾粉砂
M11	T1	200～210	398.56～395.12	30 以下	(368.56～365.12)以下	430	尾细砂、尾粉砂
	T4	40 左右	402.65		372.65 以下		
M12	T4	90～100	390.25～390.05	40 左右	350.25～350.05	520	尾细砂、尾粉砂
N1	T3	20 左右	397.75	20 左右	377.75	105	碎石、块石不密实
N2	T3	150 左右	421.05	20 左右	401.05	120	碎石、块石不密实
N3	T2	10 左右	422.95	20 左右	402.95	120	碎石、块石不密实
N4	T2	140 左右	420.85	20 左右	400.85	115	碎石、块石不密实

(3)推断成果图(见图 5-9)

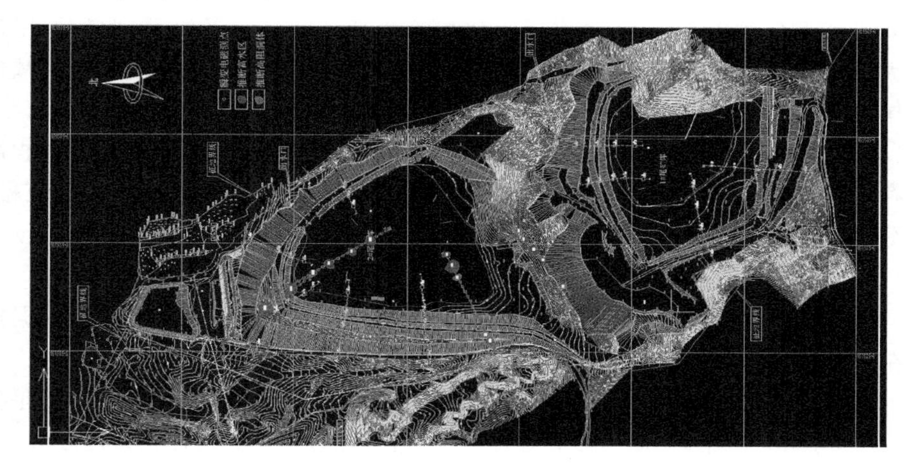

图 5-9 勘探成果分析图

(4)尾矿库固结程度分析及对排土场影响技术论证

①T1 探测线

T1 探测线位于原 2# 库北端,西北—东南走向,有 4 个探测点在原 2# 尾矿坝上,其余探测点在 2# 库内。根据探测结果分析:

探测到 5 个富水区,富水面积为 430～110 m^2。最浅富水区在 170 号探测点附近,富水区标高为 373.75 m 及以下,富水面积 110 m^2,自原尾矿库面以下均富水。其余 4 个富水区深度均位于原尾矿库 4.75～14.85 m 处。分析该探测线范围内,尾矿固结程度并不理想。该探测线在原尾矿坝上的两个探测点(200～210 号探测点),勘得原坝体 7 m 及以下为富水区。

该探测线范围内未发现洞体,说明废石堆积较为密实。

②T2 探测线

T2 探测线位于 1# 库与 2# 库之间,西南—东北走向,横切 1# 库一部分尾矿坝体。根据探测结果分析:

该探测线 70～120 号探测点范围内存在富水区,位于原尾矿库标高 7 m 以下。各富水区面积不均,最大富水面积为 316 m^2。由富水区深度可判定,该探测线范围内尾矿固结较好。

在该探测线 10～20 m 深度范围内存在两个较大面积洞体,面积约 120 m^2。分析为块石堆积疏松所致。

③T3 探测线

T3 探测线位于排土场西偏南边坡一侧,西南—东北走向,跨越原 2# 尾矿坝西南侧。根据探测结果分析:

在 160～180 号探测点，45 m 以下为富水区，面积约 410 m^2。此处位于原 2# 库西南侧向库中心位置，富水区大致位于标高 380.5 m 及以下，此处原尾矿库大致标高为 372 m，可判断该处尾矿固结程度很低，加之大气降水渗入，减慢了尾矿固结速度。

在 T3 线以下 10～20 m 深度范围内排土场废石堆积不实，造成有大面积洞体存在，每个洞体面积都在 100 m^2左右，可判定该处堆场边坡废石堆积较疏松，部分洞体已经充水，可能由来自大气降水渗透至洞体所致。

④T4 探测线

T4 探测线位于原 2# 库北端，西北—东南走向，跨越原 2# 库坝体。根据探测结果分析：

在 40 号点左右，在标高 372.65 m 以下即原尾矿坝体内，视电阻率整体呈低阻反应，分析是尾细砂、尾粉砂孔隙度较大，可推断该坝体处尾砂松散度较大。

综上所述，T3 探测线范围内的尾矿固结程度较低，排土场下部废石堆积密实度较差。分析排土场该处地基软弱，堆积的废石未压实。T1 探测线靠近 2# 库中心方向，尾矿固结程度较低，分析排土场该处地基软弱，此处为排土场基础不稳定区。T4 探测线在 2# 库北端坝体处发现尾砂堆积松散，此处也为排土场基础不稳定区。

5.6 排土场边坡稳定性单元

5.6.1 尾矿库堆坝材料非线性力学特性试验

(1)试验目的

尾矿堆积坝是建立在初期坝之上，利用其选矿厂排放的废弃尾矿采用水力冲填堆筑而成。尾矿的最大粒径完全取决于选厂粉碎研磨的粒度。而尾矿堆积坝中的尾矿完全取决于排放到尾矿库内尾水中的尾矿成分。尾矿坝体不同堆积部位上的尾矿颗粒组成及级配，会随着具体工程、尾水中尾矿含量、颗粒组成、排放条件、库内水位、库内地形等因素的不同而存在差异。不同物理条件下的尾矿往往又决定了宏观力学反应的差异。本节以堆坝材料为试验对象，研究尾矿坝堆坝材料的变形特性和强度特性，通过常规三轴试验测定应力-应变-体变关系，并确定相关模型参数。

(2)试验设备

常规三轴试验在常规三轴仪上进行。该三轴仪为浙江土工仪器厂的 STSZ-1Q 型轻型台式三轴仪，最大轴向输出力为 10 kN，试样尺寸为 ϕ39.1 mm×80 mm，最大周围压力为 1 MPa，如图 5-10 所示。

图 5-10 STSZ-1Q 型轻型台式三轴仪

(3)堆坝材料非线性力学特性试验成果及分析

分别对某公司尾矿库尾粗砂和尾细砂进行了三轴试验，试验成果如图 5-11，5-12 所示。表 5-5 为尾矿库堆坝材料三轴试验结果汇总。

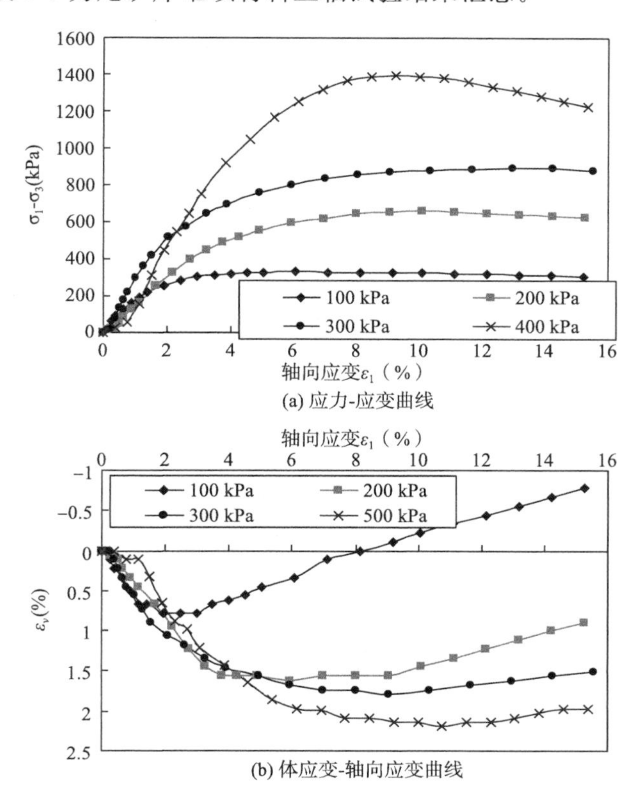

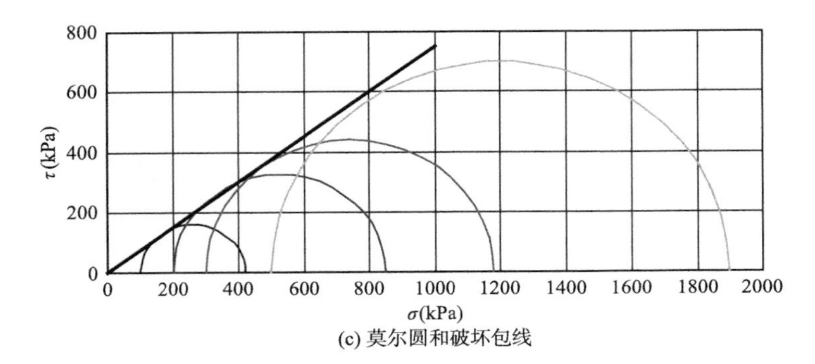

(c) 莫尔圆和破坏包线

图 5-11 尾粗砂试验成果

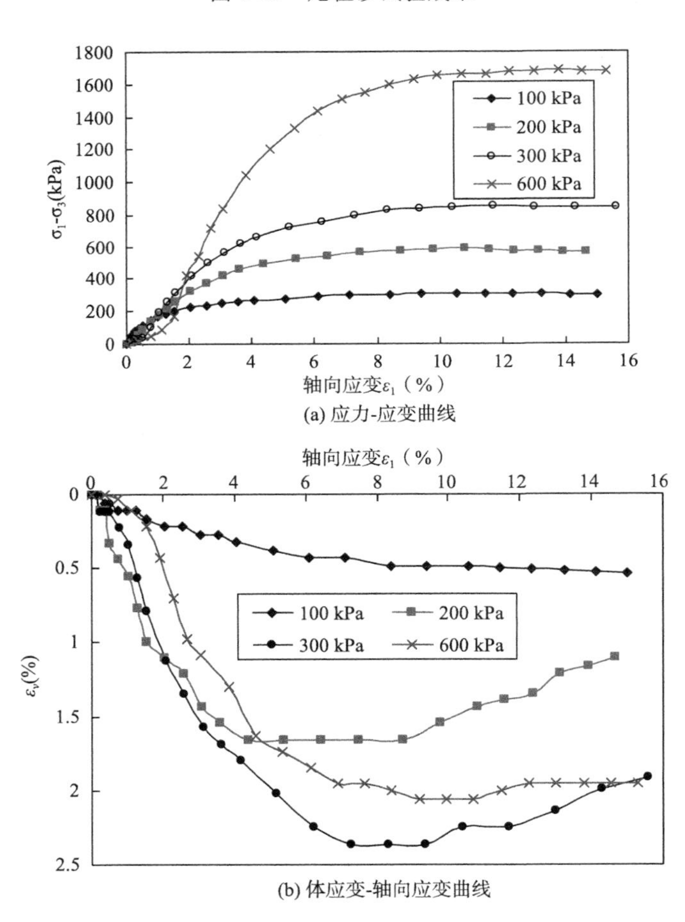

(a) 应力-应变曲线

(b) 体应变-轴向应变曲线

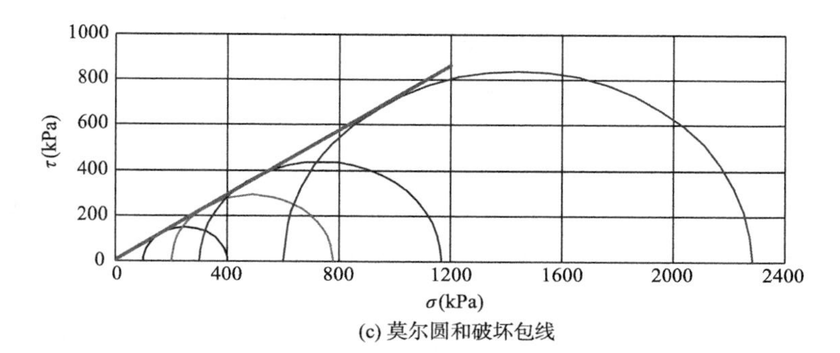

(c) 莫尔圆和破坏包线

图 5-12　尾细砂试验成果

表 5-5　尾矿库堆坝材料三轴试验结果汇总

土样	试验组号	试样序号	固结前孔隙比 e_0	围压(kPa)	固结后孔隙比 e	应力水平 $(\sigma_1-\sigma_3)_f$(kPa)	黏聚力C(kPa)	摩擦角 ϕ(°)
尾粗砂	1	1-1	0.971	100	0.91	320	0	29.5
		1-2	0.981	200	0.92	650		
		1-3	0.981	300	0.91	880		
		1-4	0.981	500	0.92	1398		
	2	2-1	0.833	100	0.78	340	0	29.62
		2-2	0.831	200	0.77	690		
		2-3	0.831	300	0.77	940		
		2-4	0.831	600	0.75	1609		
	3	3-1	0.745	100	0.70	350	0	29.02
		3-2	0.751	200	0.69	700		
		3-3	0.761	400	0.69	1360		
尾细砂	4	4-1	0.968	100	0.94	300	7.52	27.72
		4-2	0.968	200	0.91	580		
		4-3	0.951	300	0.90	870		
		4-4	0.981	600	0.88	1683		
	5	5-1	0.820	100	0.80	350	11.37	28.31
		5-2	0.790	200	0.75	660		
		5-3	0.800	300	0.74	1100		
		5-4	0.830	600	0.72	1550		

根据某公司停用尾矿库上改建排土场工程可行性研究报告中排土场的设计方案，设计中选择5个有代表性的边坡进行稳定性分析。本次论证选取2-2′、3-3′东、3-3′西、4-4′东、4-4′西五个典型剖面(见《某公司停用尾矿库上改建排土场工程可研报告附图》中的《排土场终了平面图》)，采用理想弹塑性模型，基于摩尔-库仑屈服准则，利用三轴试验测试材料的参数，模拟排土场的运行过程，利用

Abaqus 软件进行二维静力非线性有限元应力变形分析，研究边坡的应力和变形特性。根据计算结果，分析边坡的稳定性。

由于该地区基本地震烈度为 7 度，除了须计算排土场施工运行期正常工况的稳定外，还应计算特殊运行(地震)工况下的边坡稳定性。根据工程勘察报告，该工程 20 m 范围内的尾矿不液化，故尾矿的物理力学指标按本次试验结果计算。

鉴于尾矿库已经停用，改作排土场后，尾矿库区水位不再升高，故尾矿库内浸润线可按探测得到的浸润线计算，并考虑排土场之前做的勘察实测结果。

需要说明的是，设计剖面是根据设计方案所做特征剖面，其剖切位置很难与工程地质勘察剖面完全重合，故计算中借鉴距离剖面最近的工程勘察结果。

5.6.2 设计工况边坡稳定性分析

(1)2-2′剖面边坡稳定性

2-2′剖面位于 2# 库，设计堆石高程 400 m，坡顶宽度 125.70 m。剖面图如图 5-13 所示。取用 2-2′剖面附近的 D3、C4 和 B1 钻孔的土样进行分析，得到各土层的物理力学参数，如表 5-6 所示。其中尾矿层主要由材料③④尾粉砂组成；基础层的组成成分主要是⑥碎石含黏土。

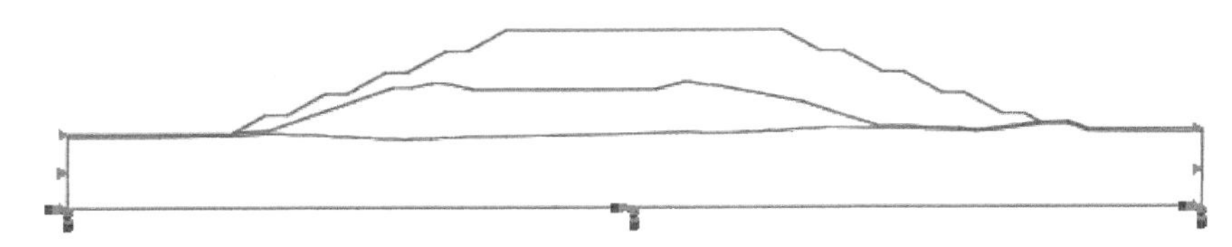

图 5-13 2-2′剖面边坡地层和约束图

表 5-6 2-2′剖面各土层物理力学参数

	杨氏模量(MPa)	泊松比	黏聚力(kPa)	绝对塑性应变	摩擦角	剪胀角
堆石层	18.5	0.3	0.001	0	35	17.5
尾矿层	7.94	0.35	1.6	0	29.5	14.75
基础层	240	0.35	0.001	0	35	17.5

截面两端各延长 50 m，认为此处水平方向位移和应力基本达到平衡状态，因此在模型中截面双端各施加水平方向位移约束。模型中假定堆积物所能影响到的地层深度在 40 m 之内，因此模型将地基层向下延深 40 m 作为边界，并在底面施加固定约束。2-2′剖面地层结构和边界约束条件如图 5-13 所示。

在 Abaqus 中使用均匀分布的体力代替重力对模型施加荷载，堆石的荷载为 $-21.1\ kN/m^3$，尾矿的荷载为 $-17.24\ kN/m^3$，基础的荷载为 $-29.82\ kN/m^3$。荷载示意图如图 5-14 所示。

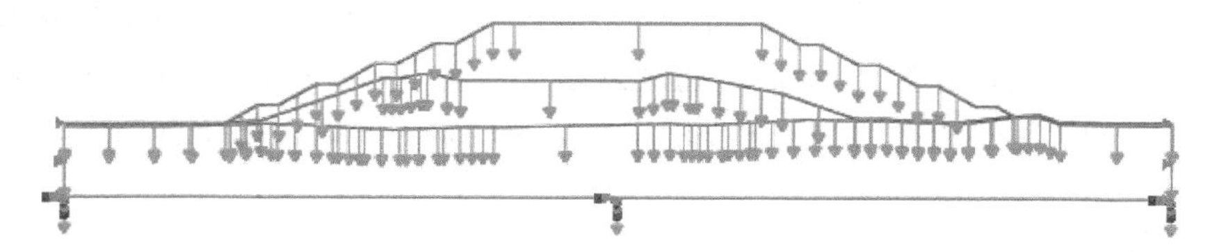

图 5-14　2-2′剖面荷载示意图

采用以四边形为主的网格划分方式，部分复杂区域使用三角形网格，控制网格的边长为 5 m 左右。采用四边形双线性平面应变单元。本截面共划分为 1466 个单元，如图 5-15 所示。

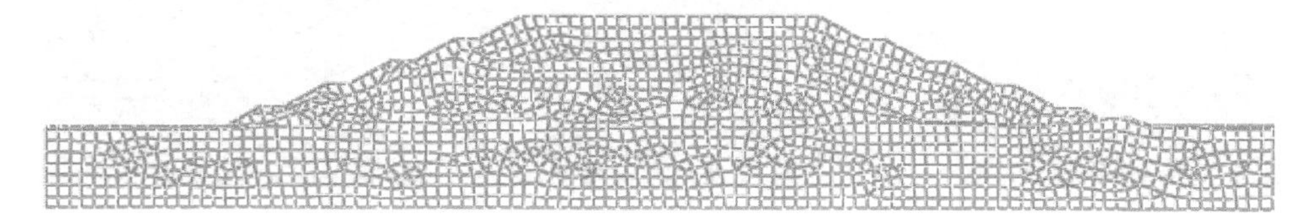

图 5-15　2-2′剖面网格划分

采用折减系数法对边坡的稳定性进行计算，失稳临界状态的水平位移云图如图 5-16 所示，沉降分布云图如图 5-17 所示。

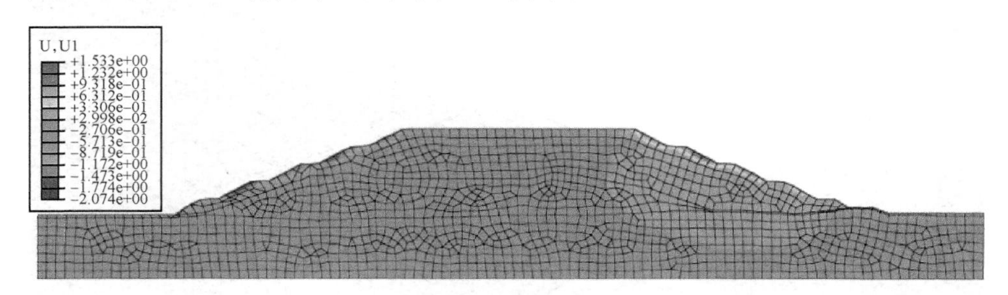

图 5-16　2-2′剖面失稳临界状态水平位移云图

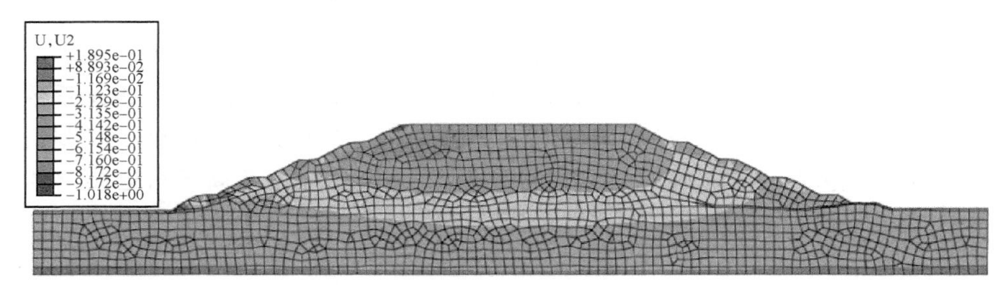

图 5-17　2-2′剖面失稳临界状态沉降分布云图

从逐渐折减系数的过程中可以看出，2-2′剖面东边坡稳定性较差，最先开始失稳，其失稳初期等效塑性应变如图5-18所示。从图中可知，失稳最先从其坡脚开始。随着折减系数不断加大，边坡逐渐达到失稳临界状态，最终形成贯通滑裂面，图5-19等效塑性应变云图显示了东边坡的贯通滑裂面的位置和形状。

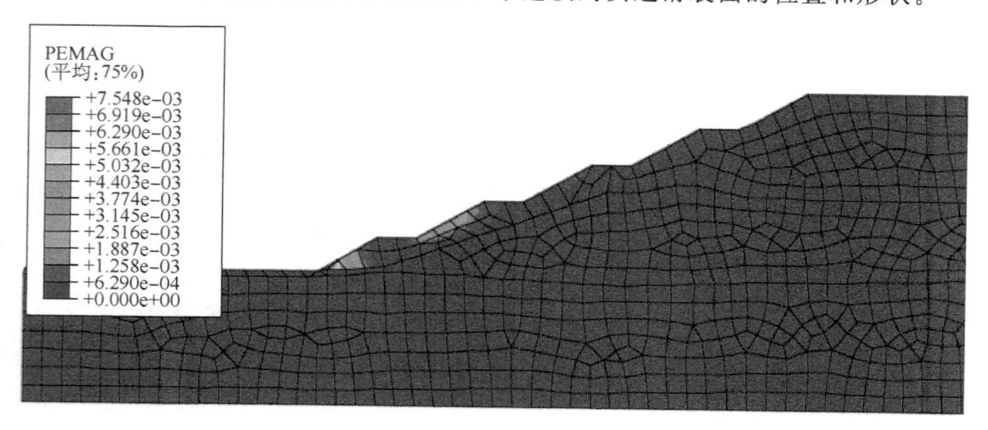

图5-18　2-2′剖面东边坡失稳初期等效塑性应变云图

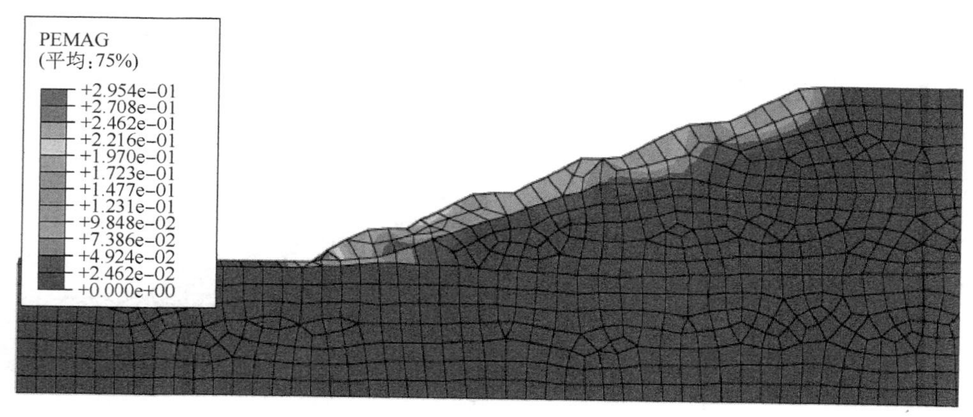

图5-19　2-2′剖面东边坡失稳临界状态等效塑性应变云图

2-2′剖面东边坡失稳临界状态时各节点位移分布矢量图如图5-20所示。

在2-2′剖面位移随折减系数变化曲线中，取位移显著变化点时的折减系数为该边坡的安全系数，则东边坡的安全系数为1.42。从计算结果可知，当2-2′剖面东边坡失稳时，西边坡尚未达到失稳临界状态，其安全系数高于东边坡，2-2′剖面西边坡安全系数约为1.44。

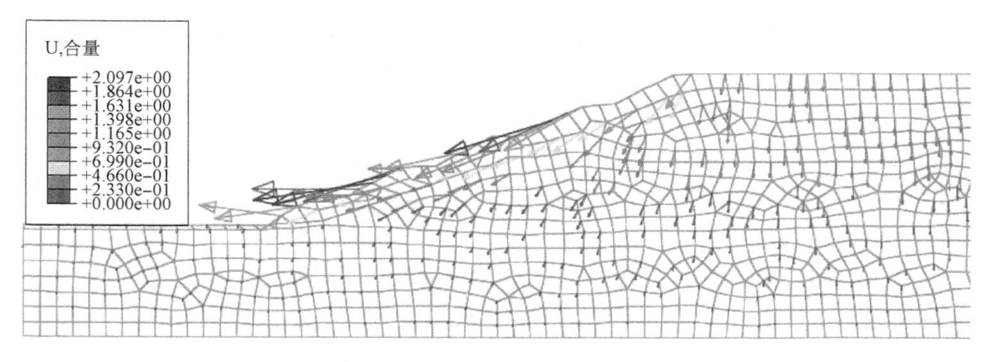

图 5-20 2-2′剖面东边坡失稳临界状态位移分布矢量图

(2)3-3′剖面东边坡稳定性

3-3′剖面位于 1# 库和 2# 库之间,设计堆石高程 430 m,坡顶宽度 109.72 m。剖面图如图 5-21 所示。3-3′剖面附近仅有西边坡处有 A1 钻孔,因此东、西边坡均取用 A1 钻孔的土样进行分析,得到各土层的物理力学参数,如表 5-7 所示。其中尾矿层主要由材料③④尾粉砂组成;基础层的组成成分主要是⑥碎石含黏土。

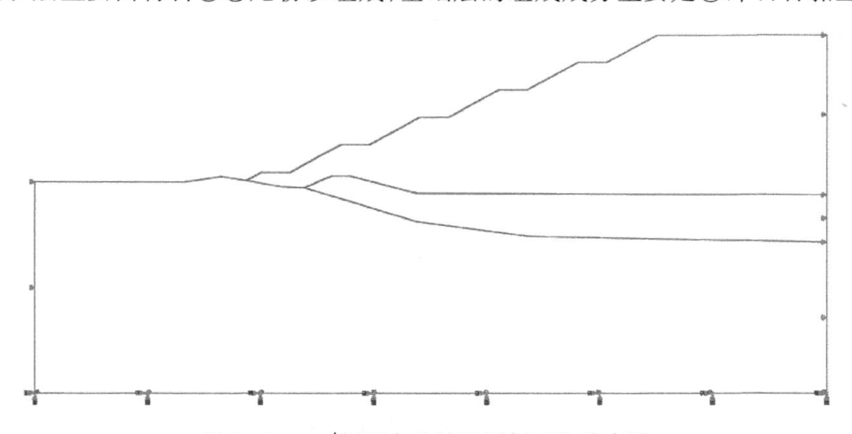

图 5-21 3-3′剖面东边坡地层剖面和约束图

表 5-7 3-3′剖面各土层物理力学参数

	杨氏模量(MPa)	泊松比	黏聚力(kPa)	绝对塑性应变	摩擦角	剪胀角
堆石层	18.5	0.3	0.001	0	35	17.5
尾矿层	7.94	0.35	1.6	0	29.5	14.75
基础层	240	0.35	0.001	0	35	17.5

剖面左端向东延长 50 m,认为此处水平方向位移和应力基本达到平衡状态,在此处施加水平方向位移约束。假定 3-3′剖面中间不会发生水平方向位移,

在此处施加水平方向约束。模型中假定堆积物所能影响到的地层深度在 50 m 之内，因此模型将地基层向下延深 50 m 作为边界，并在底面施加固定约束。3-3′剖面东边坡地层结构和边界约束条件如图 5-21 所示。

在 Abaqus 中使用均匀分布的体力代替重力对模型施加荷载，堆石的荷载为 $-21.1\ kN/m^3$，尾矿的荷载为 $-17.24\ kN/m^3$，基础的荷载为 $-29.82\ kN/m^3$。荷载示意图如图 5-22 所示。

采用以四边形为主的网格划分方式，部分复杂区域使用三角形网格，控制网格的边长为 5 m 左右。采用四边形双线性平面应变单元。本截面共划分为 1256 个单元，如图 5-23 所示。

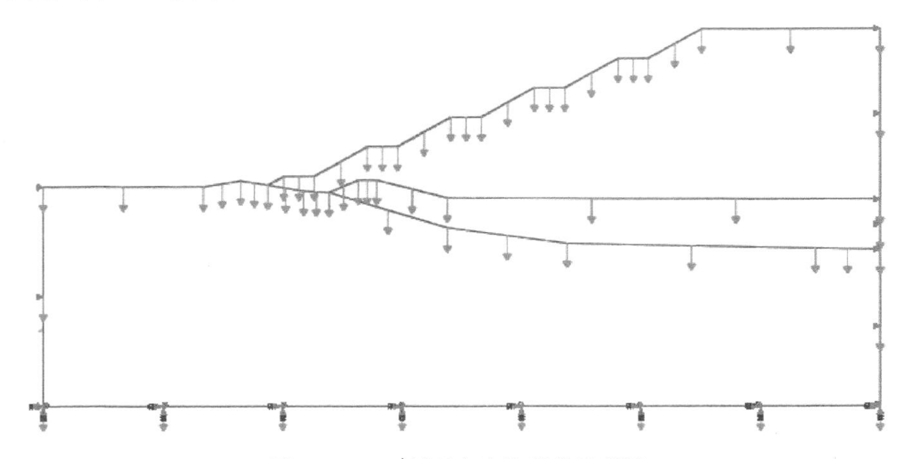

图 5-22　3-3′剖面东边坡荷载示意图

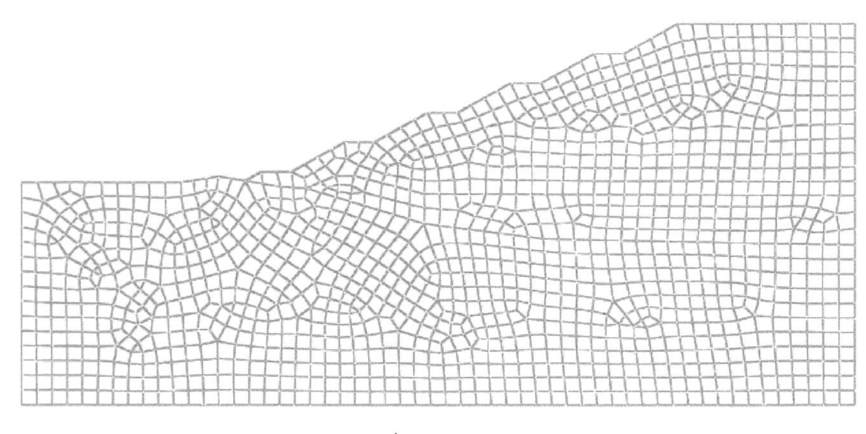

图 5-23　3-3′剖面东边坡网格划分

采用折减系数法对边坡的稳定性进行计算，失稳临界状态的水平位移云图如图 5-24 所示，沉降分布云图如图 5-25 所示。

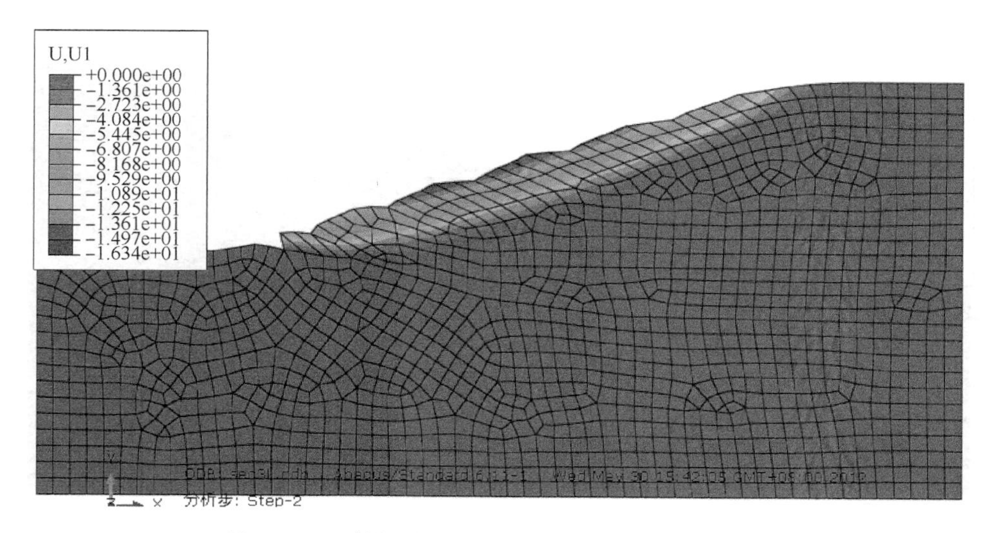

图 5-24　3-3′剖面东边坡失稳临界状态水平位移云图

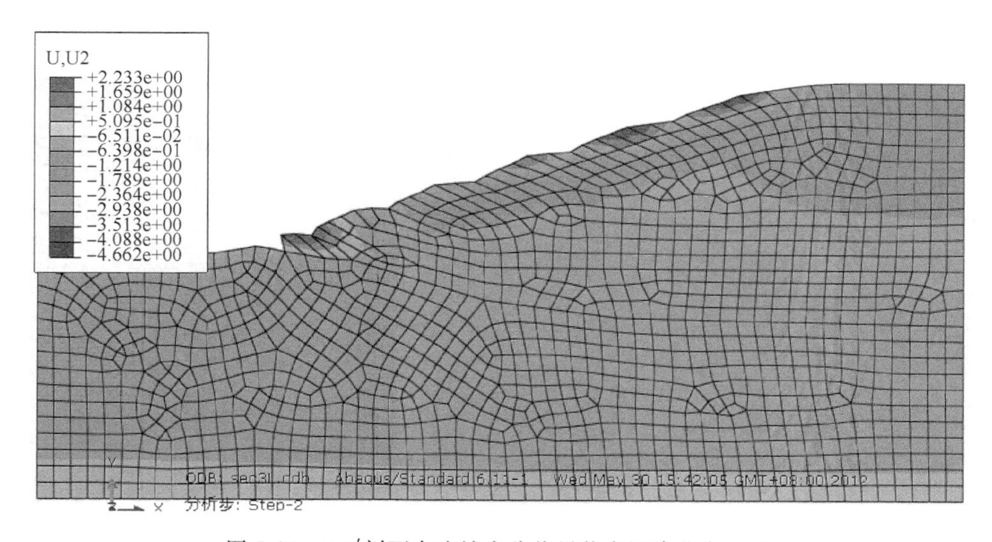

图 5-25　3-3′剖面东边坡失稳临界状态沉降分布云图

从逐渐折减系数的过程中可以看出，3-3′剖面东边坡的失稳从坡脚和坡顶同时开始，其失稳初期等效塑性应变如图 5-26 所示。随着折减系数不断加大，边坡逐渐达到失稳临界状态，最终形成贯通滑裂面，图 5-27 失稳临界状态等效塑性应变云图显示了东边坡的贯通滑裂面的位置和形状。

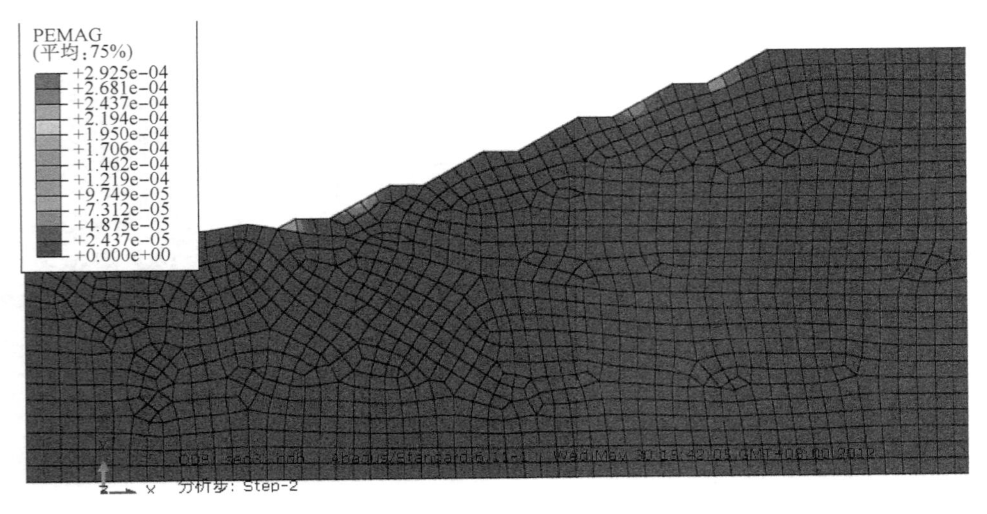

图 5-26　3-3′剖面东边坡失稳初期等效塑性应变云图

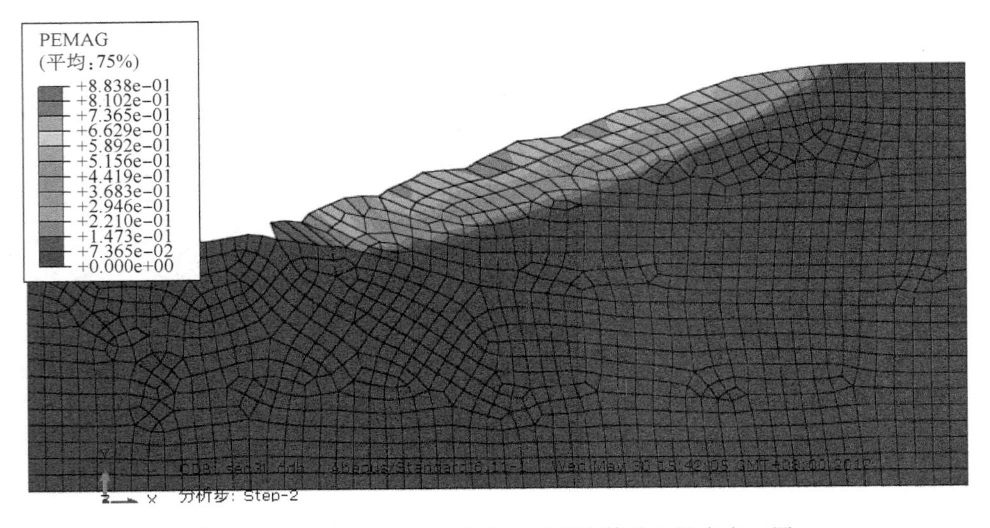

图 5-27　3-3′剖面东边坡失稳临界状态等效塑性应变云图

3-3′剖面东边坡失稳临界状态时各节点位移分布矢量图如图 5-28 所示。

在 3-3′剖面东边坡位移随折减系数变化曲线中,取位移显著变化点时的折减系数为该边坡的安全系数,则该边坡的安全系数为 1.48。

(3)3-3′剖面西边坡稳定性

如上节所述,3-3′剖面取用相同的土样参数,各土层的物理力学参数如表 5-7 所示。其中尾矿层主要由材料③④尾粉砂组成;基础层的组成成分主要是⑥碎石。

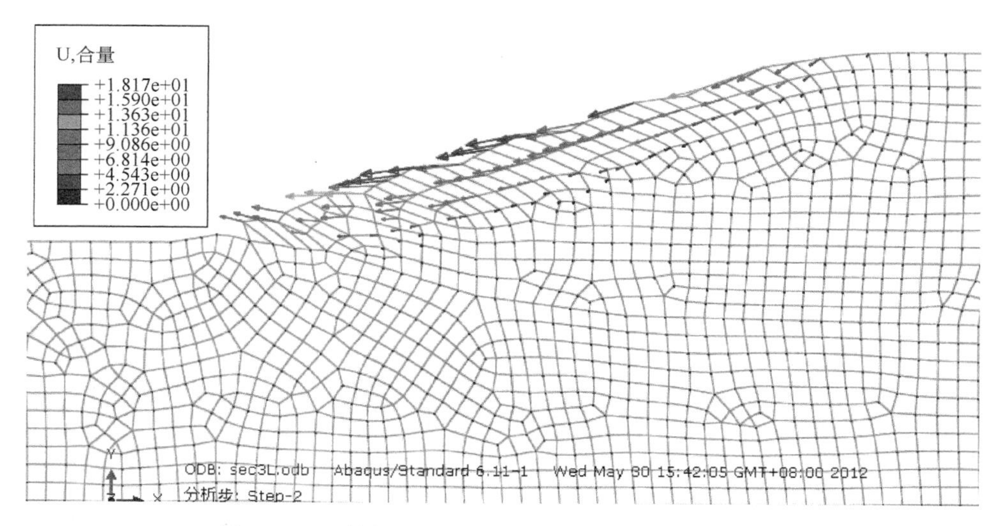

图 5-28　3-3′剖面东边坡失稳临界状态位移分布矢量图

剖面右端向西延长 50 m，认为此处水平方向位移和应力基本达到平衡状态，在此处施加水平方向位移约束。假定 3-3′剖面中间不会发生水平方向位移，在此处施加水平方向约束。模型中假定堆积物所能影响到的地层深度在 50 m 之内，因此模型将地基层向下延深 50 m 作为边界，并在底面施加固定约束。3-3′剖面西边坡地层结构和边界约束条件如图 5-29 所示。

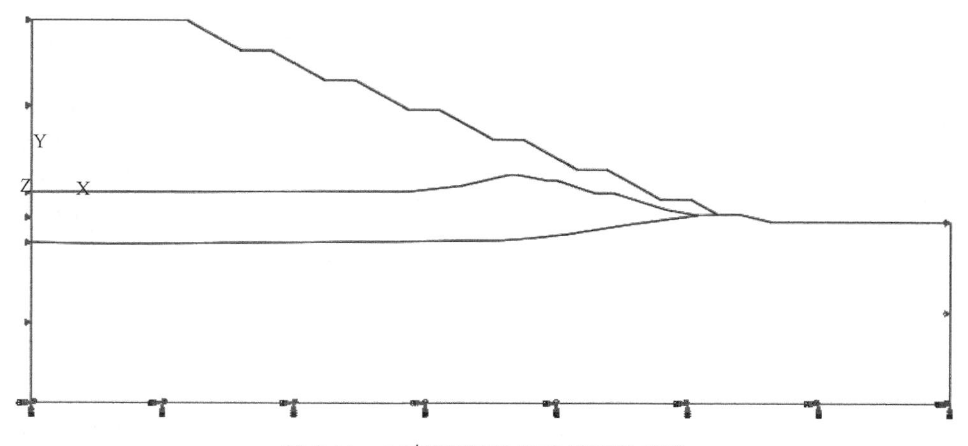

图 5-29　3-3′剖面西边坡地层和约束图

在 Abaqus 中使用均匀分布的体力代替重力对模型施加荷载，堆石的荷载为 $-21.1\ kN/m^3$，尾矿的荷载为 $-17.24\ kN/m^3$，基础的荷载为 $-29.82\ kN/m^3$。荷载示意图如图 5-30 所示。

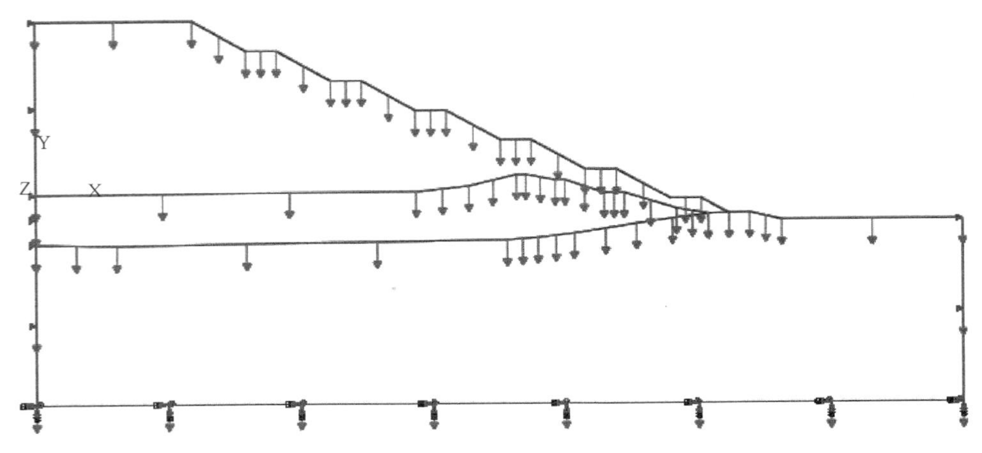

图 5-30　3-3′剖面西边坡荷载示意图

采用以四边形为主的网格划分方式，部分复杂区域使用三角形网格，控制网格的边长为 5 m 左右。采用四边形双线性平面应变单元。本截面共划分为 1289 个单元，如图 5-31 所示。

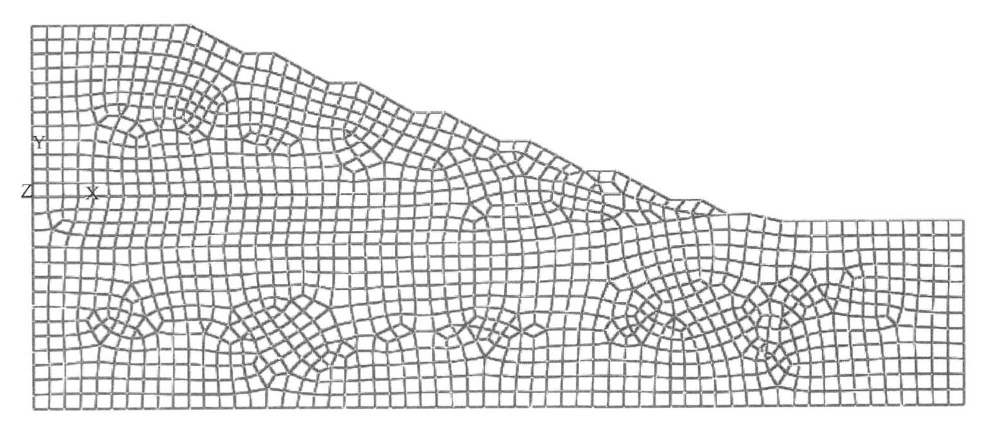

图 5-31　3-3′剖面西边坡网格划分

采用折减系数法对边坡的稳定性进行计算，失稳临界状态的水平位移云图如图 5-32 所示，沉降分布云图如图 5-33 所示。

从逐渐折减系数的过程中可以看出，3-3′剖面西边坡的失稳从坡脚开始，其失稳初期等效塑性应变如图 5-34 所示。随着折减系数不断加大，边坡逐渐达到失稳临界状态，最终形成贯通滑裂面，图 5-35 等效塑性应变云图显示了西边坡的贯通滑裂面的位置和形状。

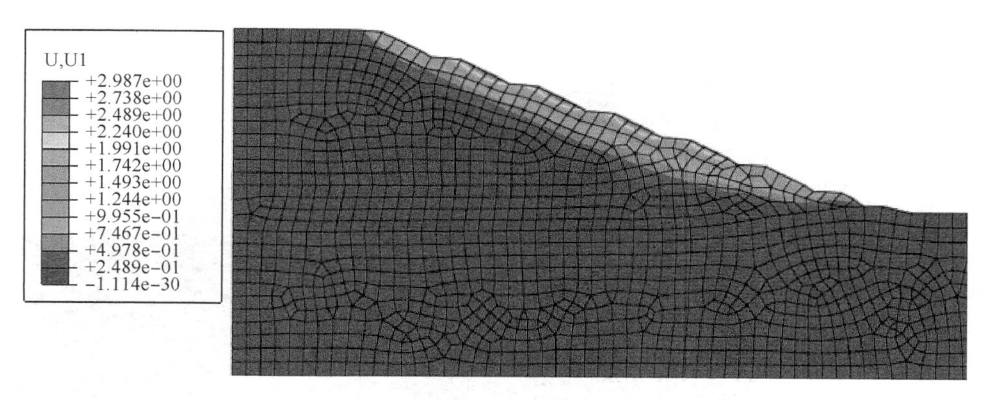

图 5-32　3-3′剖面西边坡失稳临界状态水平位移云图

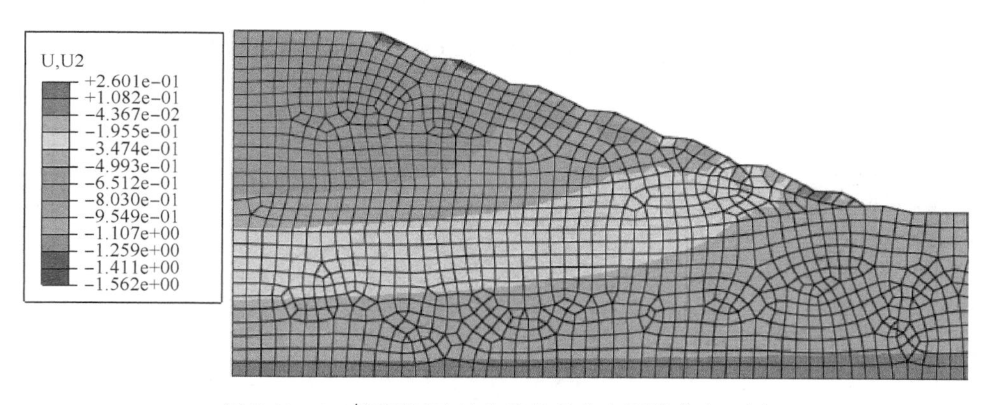

图 5-33　3-3′剖面西边坡失稳临界状态沉降分布云图

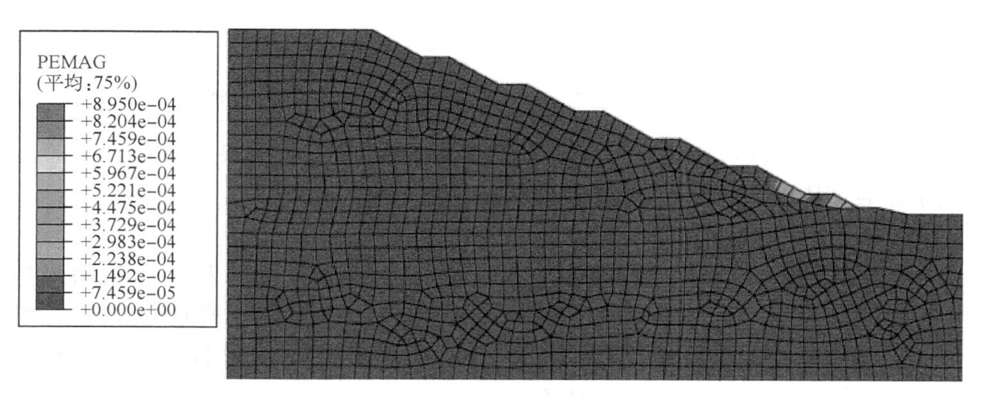

图 5-34　3-3′剖面西边坡失稳初期等效塑性应变云图

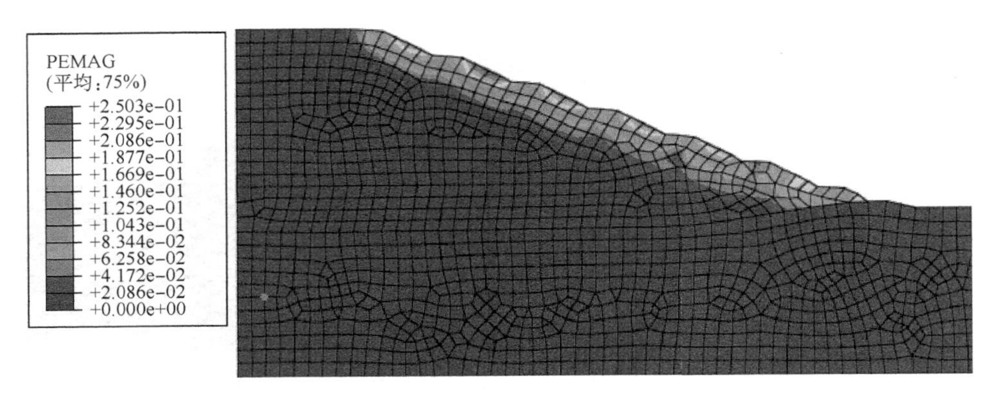

图 5-35　3-3′剖面西边坡失稳临界状态等效塑性应变云图

3-3′剖面西边坡失稳临界状态时各节点位移分布矢量图如图 5-36 所示。

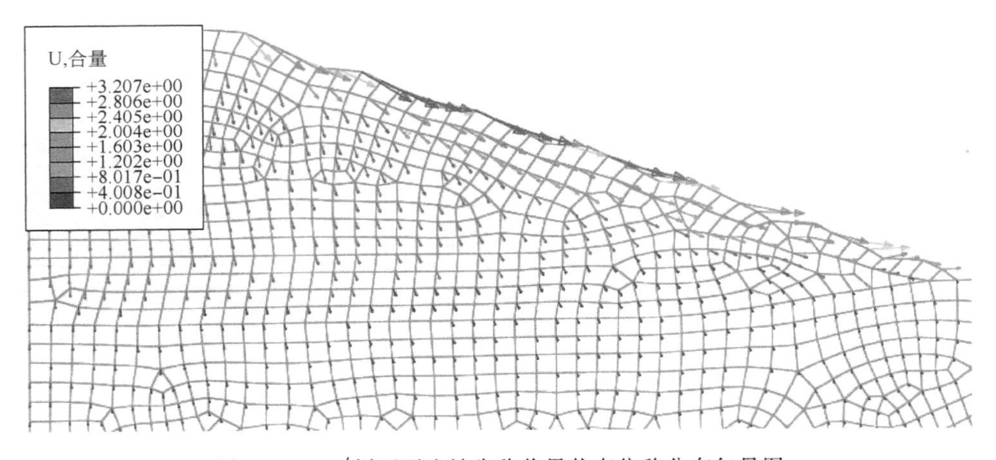

图 5-36　3-3′剖面西边坡失稳临界状态位移分布矢量图

在 3-3′剖面西边坡位移随折减系数变化曲线中，取位移显著变化点时的折减系数为该边坡的安全系数，则该边坡的安全系数为 1.37。

(4)4-4′剖面东边坡稳定性

4-4′剖面位于 2# 库，设计堆石高程 460 m，坡顶宽度 193.81 m。剖面图如图 5-37 所示。取 4-4′剖面附近的 G1、G2、G3、G4、I5 钻孔的土样进行分析，得到各土层的物理力学参数如表 5-8 所示。其中尾矿层主要由材料③④尾粉砂组成；基础层的组成成分主要是⑥碎石含黏土。

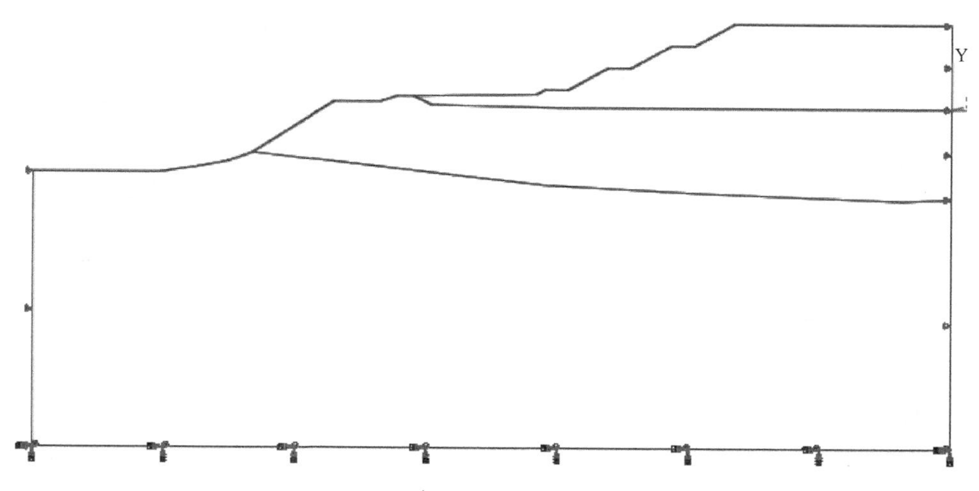

图 5-37 4-4′剖面东边坡地层和约束图

表 5-8 4-4′剖面各土层物理力学参数

	杨氏模量(MPa)	泊松比	黏聚力(kPa)	绝对塑性应变	摩擦角	剪胀角
堆石层	18.5	0.3	0.001	0	35	17.5
尾矿层	7.94	0.35	1.6	0	29.5	14.75
基础层	240	0.35	0.001	0	35	17.5

剖面左端向东延长 50 m，认为此处水平方向位移和应力基本达到平衡状态，在此处施加水平方向位移约束。假定 4-4′剖面中间不会发生水平方向位移，在此处施加水平方向约束。模型中假定堆积物所能影响到的地层深度在 50 m 之内，因此模型将地基层向下延深 50 m 作为边界，并在底面施加固定约束。4-4′剖面东边坡地层结构和边界约束条件如图 5-37 所示。

在 Abaqus 中使用均匀分布的体力代替重力对模型施加荷载，堆石的荷载为 $-21.1\ kN/m^3$，尾矿的荷载为 $-17.24\ kN/m^3$，基础的荷载为 $-29.82\ kN/m^3$。荷载示意图如图 5-38 所示。

采用以四边形为主的网格划分方式，部分复杂区域使用三角形网格，控制网格的边长为 5 m 左右。采用四边形双线性平面应变单元。本截面共划分为 3009 个单元，如图 5-39 所示。

采用折减系数法对边坡的稳定性进行计算，失稳临界状态的水平位移云图如图 5-40 所示，沉降分布云图如图 5-41 所示。

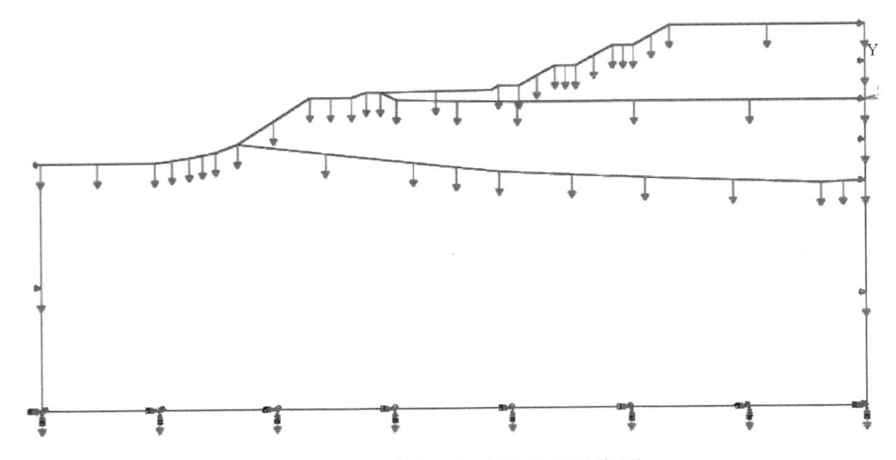

图 5-38　4-4′剖面东边坡荷载示意图

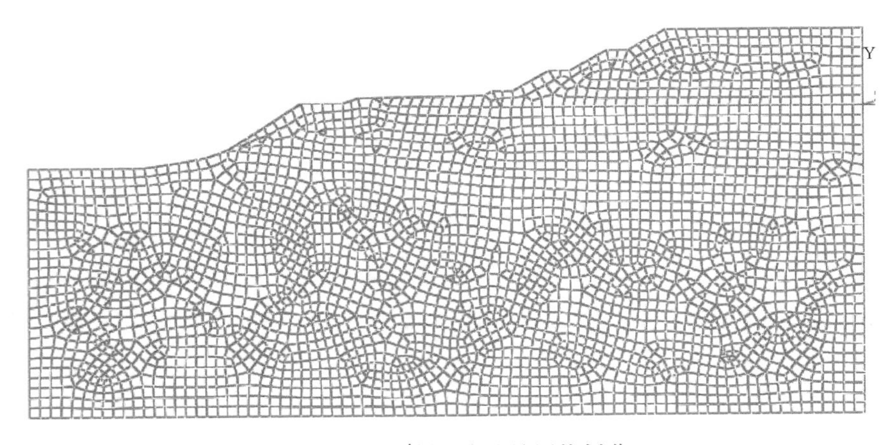

图 5-39　4-4′剖面东边坡网格划分

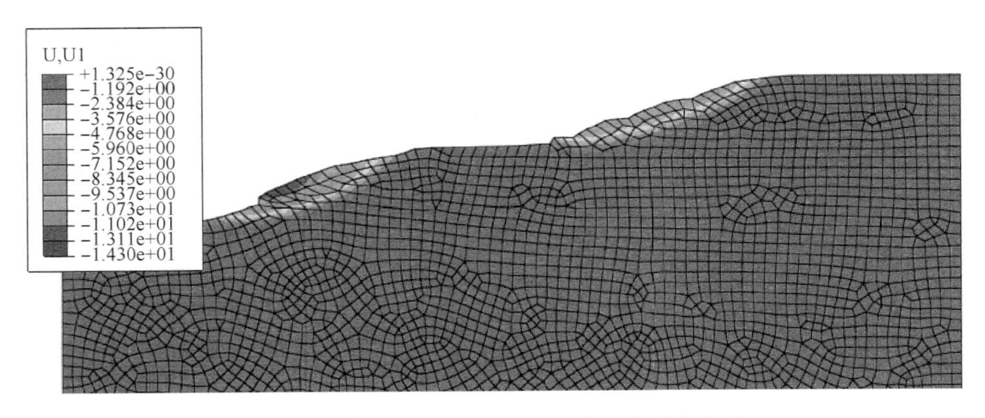

图 5-40　4-4′剖面东边坡失稳临界状态水平位移云图

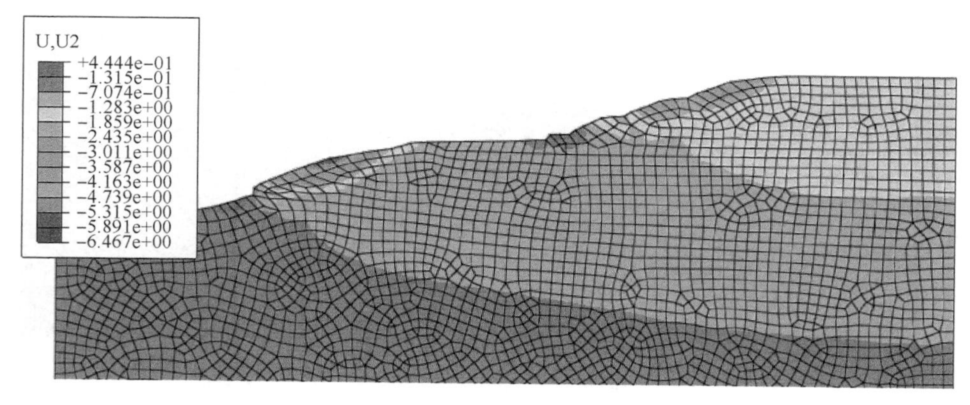

图 5-41 4-4′剖面东边坡失稳临界状态沉降分布云图

从逐渐折减系数的过程中可以看出，4-4′剖面东边坡的失稳从坡脚开始，其失稳初期等效塑性应变如图 5-42 所示。随着折减系数不断加大，边坡逐渐达到失稳临界状态，在临界失稳状态时，坡的上部和坡的下部分别形成两个贯通滑裂面，图 5-43 失稳临界状态等效塑性应变云图显示了东边坡两个独立贯通滑裂面的位置和形状。

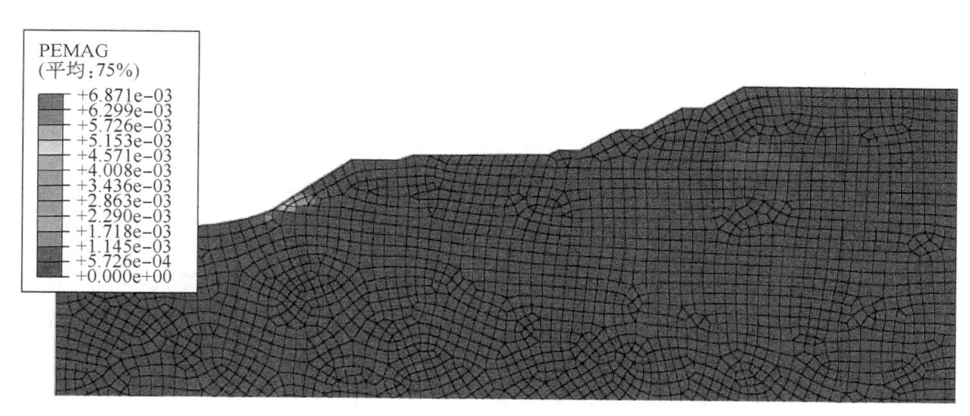

图 5-42 4-4′剖面东边坡失稳初期等效塑性应变云图

4-4′剖面东边坡失稳临界状态时各节点位移分布矢量图如图 5-44 所示。

在 4-4′剖面东边坡位移随折减系数变化曲线中，取位移显著变化点时的折减系数为该边坡的安全系数，则该边坡的安全系数为 1.45。

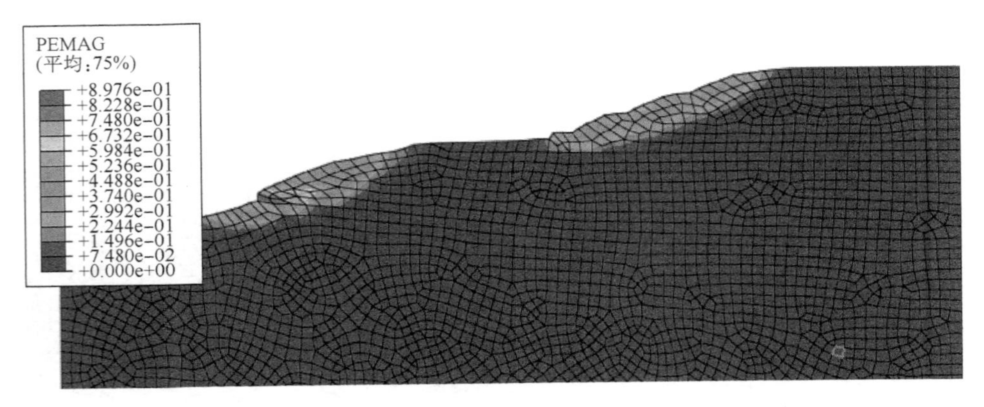

图 5-43　4-4′剖面东边坡失稳临界状态等效塑性应变云图

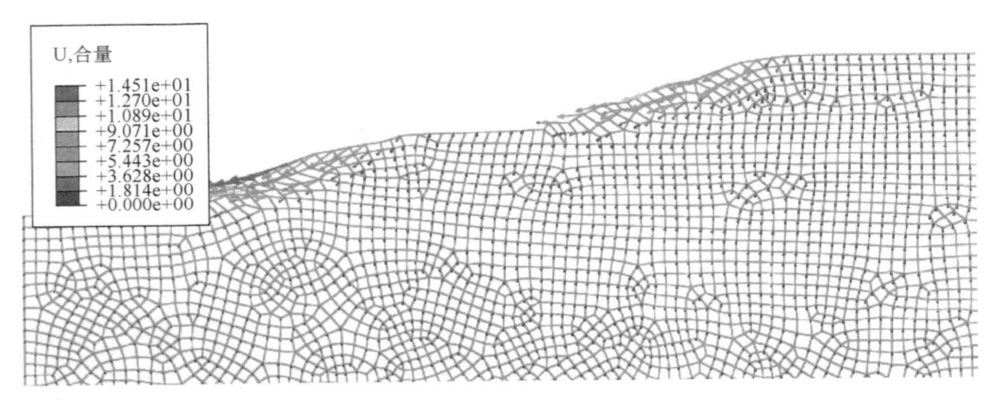

图 5-44　4-4′剖面东边坡失稳临界状态位移分布矢量图

(5)4-4′剖面西边坡稳定性

4-4′剖面西边坡地层基本与东边坡相同，各土层的物理力学参数如表 5-8 所示。其中尾矿层主要由材料③④尾粉砂组成；基础层的组成成分主要是⑥碎石含黏土。

剖面右端向西延长 50 m，认为此处水平方向位移和应力基本达到平衡状态，在此处施加水平方向位移约束。假定 4-4′剖面中间不会发生水平方向位移，在此处施加水平方向约束。模型中假定堆积物所能影响到的地层深度在 50 m 之内，因此模型将地基层向下延深 50 m 作为边界，并在底面施加固定约束。4-4′剖面西边坡地层结构和边界约束条件如图 5-45 所示。

在 Abaqus 中使用均匀分布的体力代替重力对模型施加荷载，堆石的荷载为 $-21.1\ kN/m^3$，尾矿的荷载为 $-17.2\ 4kN/m^3$，基础的荷载为 $-29.82\ kN/m^3$。荷载示意图如图 5-46 所示。

采用以四边形为主的网格划分方式，部分复杂区域使用三角形网格，控制网格的边长为 5 m 左右。采用四边形双线性平面应变单元。本截面共划分为 2838 个单元,如图 5-47 所示。

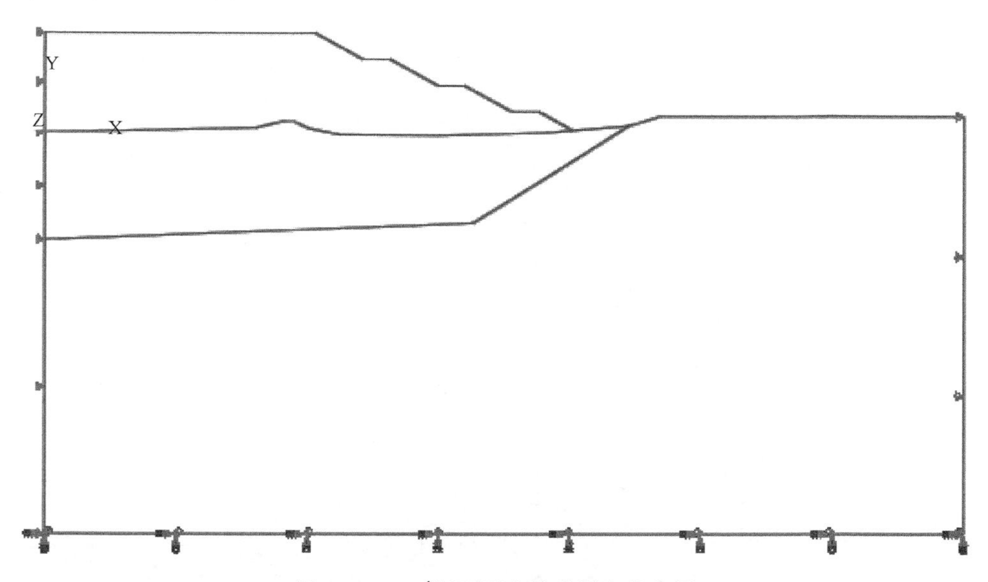

图 5-45 4-4′剖面西边坡地层和约束图

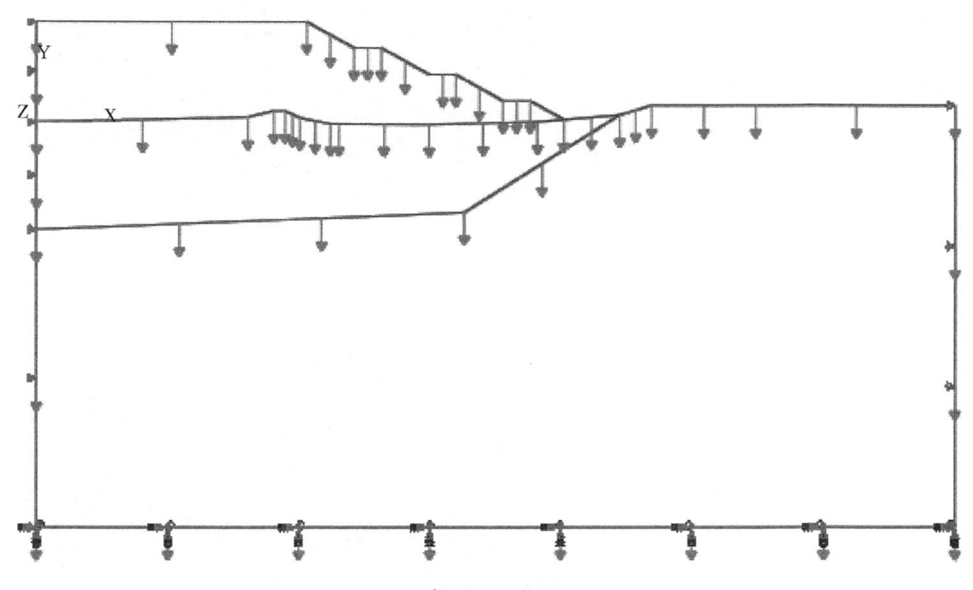

图 5-46 4-4′剖面西边坡荷载示意图

采用折减系数法对边坡的稳定性进行计算,失稳临界状态的水平位移云图如图 5-48 所示,沉降分布云图如图 5-49 所示。

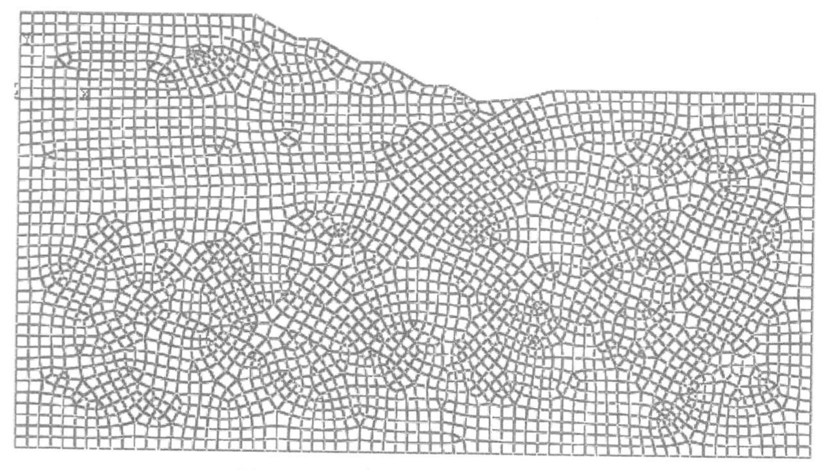

图 5-47　4-4′剖面西边坡网格划分

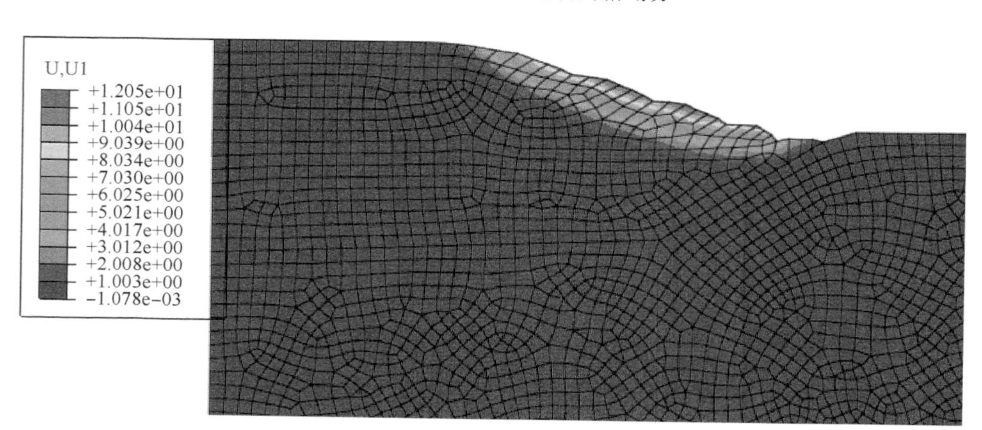

图 5-48　4-4′剖面西边坡失稳临界状态水平位移云图

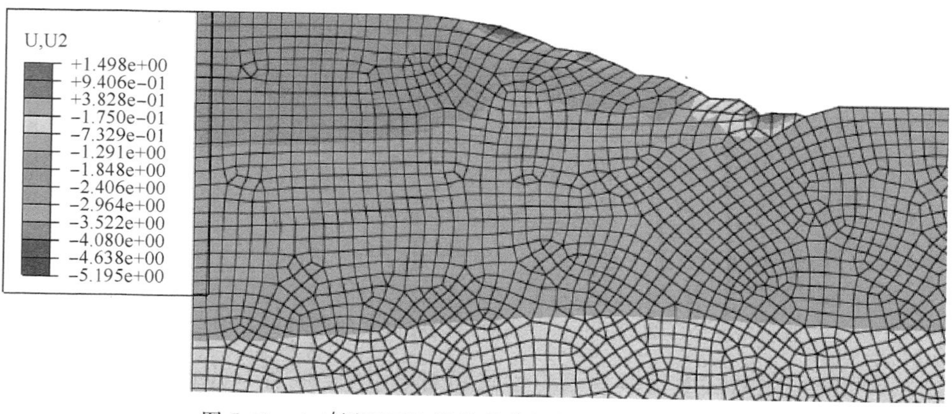

图 5-49　4-4′剖面西边坡失稳临界状态沉降分布云图

从逐渐折减系数的过程中可以看出，4-4′剖面西边坡的失稳从坡脚和坡顶同时开始，其失稳初期等效塑性应变如图5-50所示。随着折减系数不断加大，边坡逐渐达到失稳临界状态，最终形成贯通滑裂面，图5-51失稳临界状态等效塑性应变云图显示了西边坡的贯通滑裂面的位置和形状。

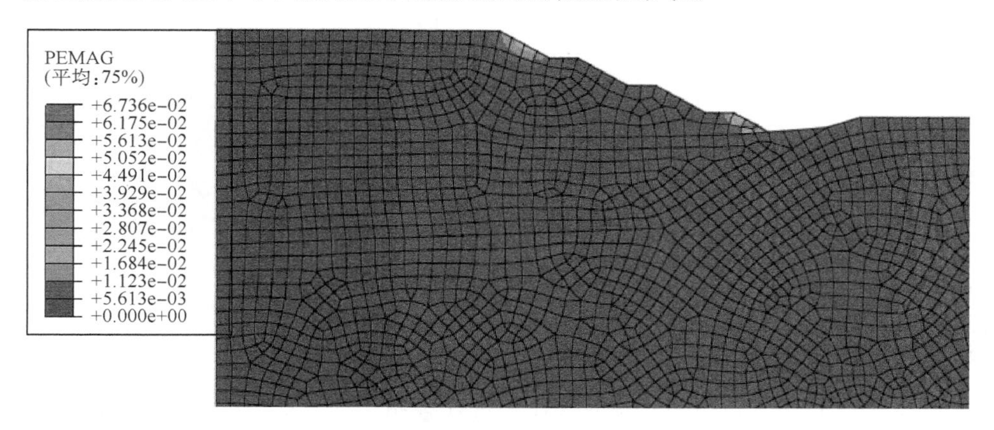

图5-50　4-4′剖面西边坡失稳初期等效塑性应变云图

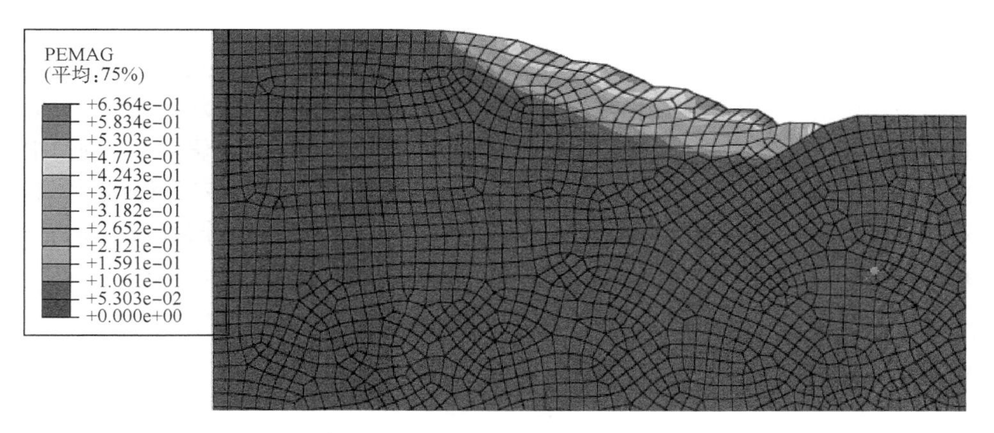

图5-51　4-4′剖面西边坡失稳临界状态等效塑性应变云图

4-4′剖面西边坡失稳临界状态时各节点位移分布矢量图如图5-52所示。

在4-4′剖面西边坡位移随折减系数变化曲线中，取位移显著变化点时的折减系数为该边坡的安全系数，则该边坡的安全系数为1.42。

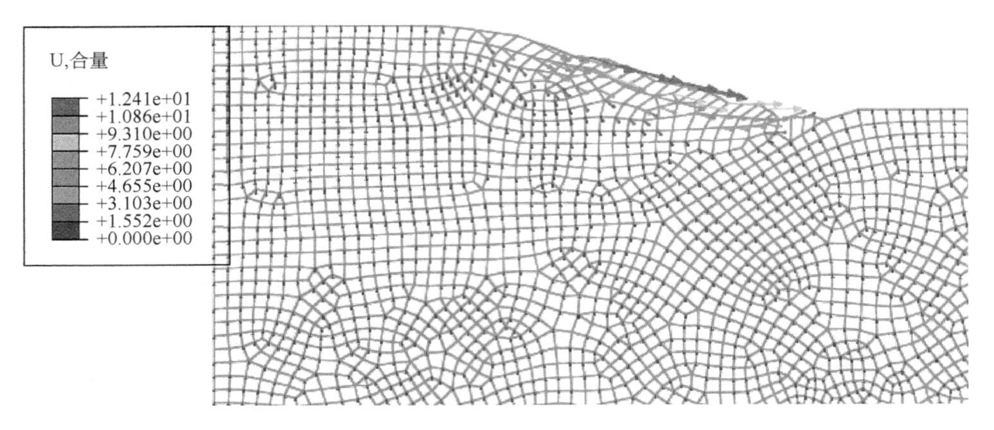

图 5-52 4-4′剖面西边坡失稳临界状态位移分布矢量图

5.6.3 现状边坡稳定性分析

到目前为止，2-2′剖面处堆石已达到设计高程，其现状稳定性即为设计稳定性，此处不再赘述。

(1)3-3′剖面东边坡现状稳定性

3-3′剖面堆石高度目前已达到 423 m，距设计堆石高程 430 m 还有 7 m 的距离。该剖面土样性质已在前面描述，剖面左端向东延长 50 m，认为此处水平方向位移和应力基本达到平衡状态，在此处施加水平方向位移约束。假定 3-3′剖面中间不会发生水平方向位移，在此处施加水平方向约束。模型中假定堆积物所能影响到的地层深度在 50 m 之内，因此模型将地基层向下延深 50 m 作为边界，并在底面施加固定约束。3-3′剖面东边坡地层结构和边界约束条件如图 5-53 所示。

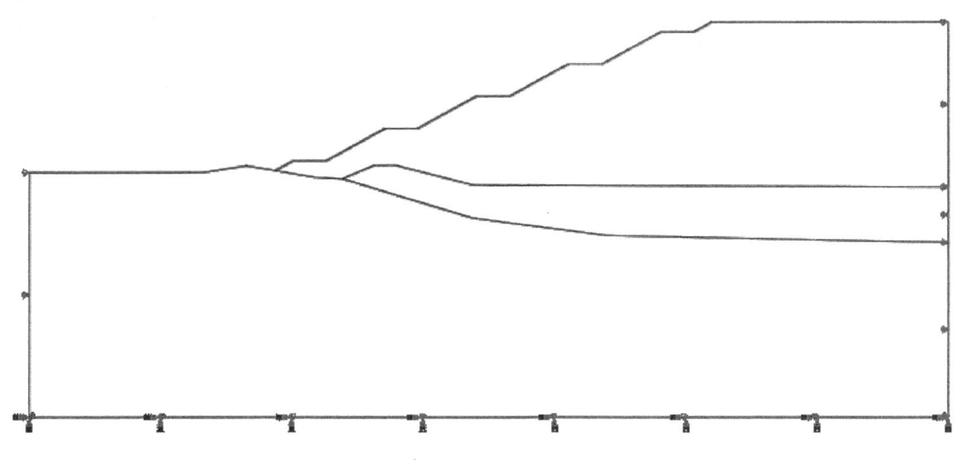

图 5-53 3-3′剖面东边坡地层和约束图

在 Abaqus 中使用均匀分布的体力代替重力对模型施加荷载，堆石的荷载为 $-21.1\ kN/m^3$，尾矿的荷载为 $-17.24\ kN/m^3$，基础的荷载为 $-29.82\ kN/m^3$。荷载示意图如图 5-54 所示。

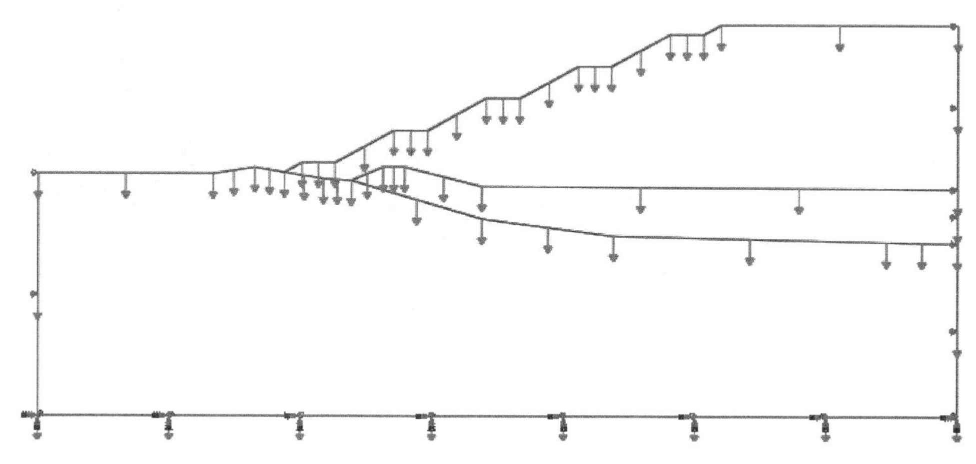

图 5-54　3-3′剖面东边坡荷载示意图

采用以四边形为主的网格划分方式，部分复杂区域使用三角形网格，控制网格的边长为 5 m 左右。采用四边形双线性平面应变单元。本截面共划分为 1234 个单元，如图 5-55 所示。

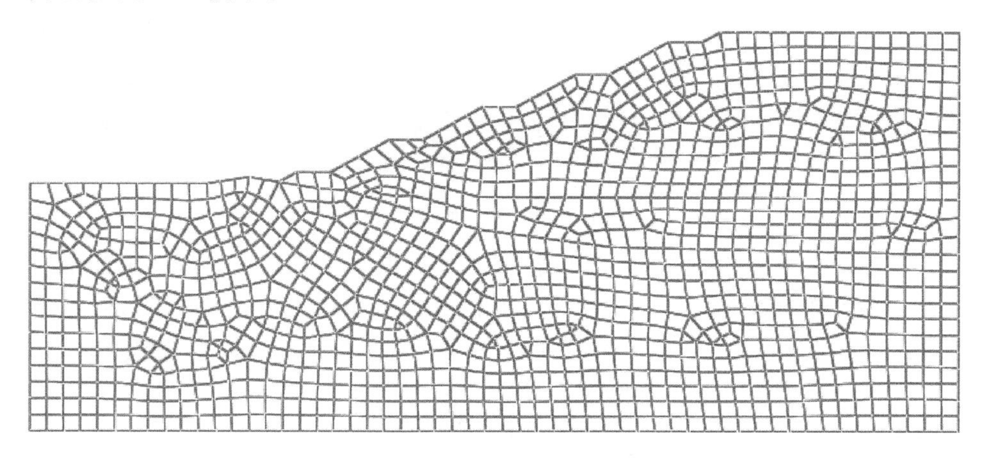

图 5-55　3-3′剖面东边坡网格划分

采用折减系数法对边坡的稳定性进行计算，失稳临界状态的水平位移云图如图 5-56 所示，沉降分布云图如图 5-57 所示。

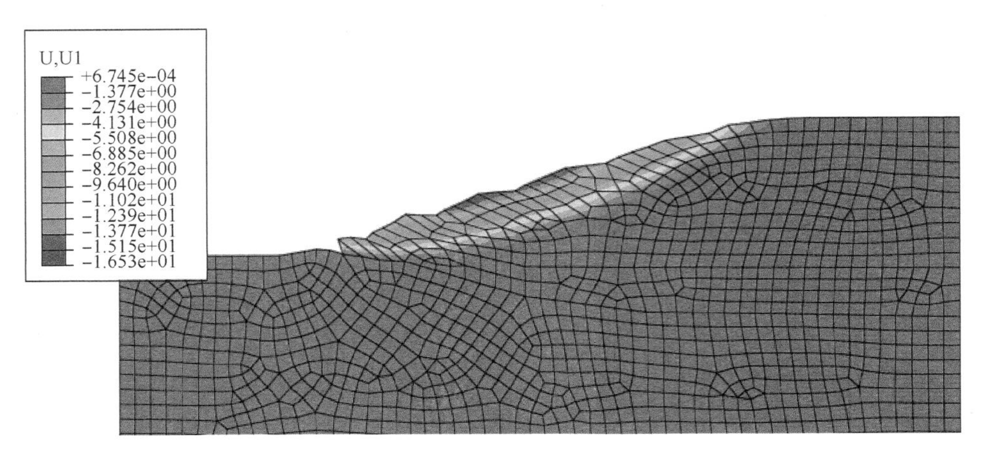

图 5-56　3-3′剖面东边坡失稳临界状态水平位移云图

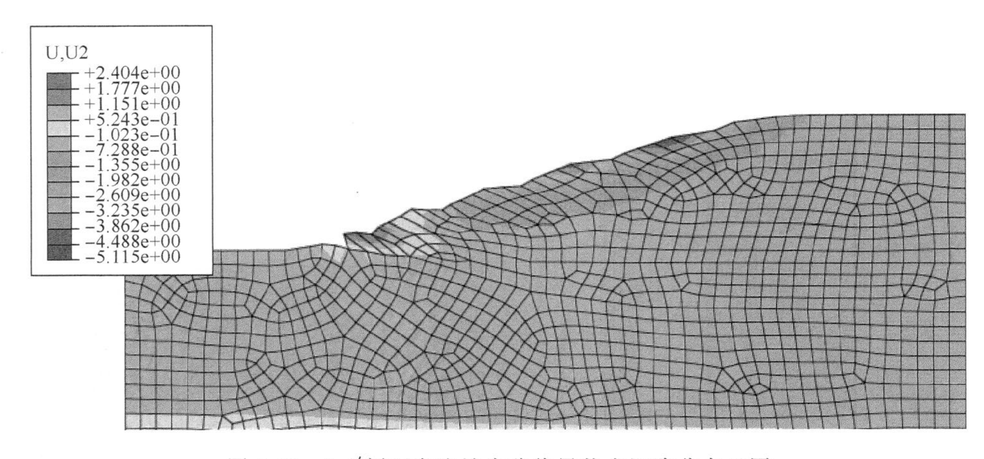

图 5-57　3-3′剖面东边坡失稳临界状态沉降分布云图

从逐渐折减系数的过程中可以看出，3-3′剖面东边坡的失稳从坡脚开始，其失稳初期等效塑性应变如图 5-58 所示。随着折减系数不断加大，边坡逐渐达到失稳临界状态，最终形成贯通滑裂面，图 5-59 等效塑性应变云图显示了东边坡的贯通滑裂面的位置和形状。

3-3′剖面东边坡失稳临界状态时各节点位移分布矢量图如图 5-60 所示。

在 3-3′剖面东坡位移随折减系数变化曲线中，取位移显著变化点时的折减系数为该边坡的安全系数，则该边坡的安全系数为 1.50。

(2)3-3′剖面西边坡现状稳定性

如上节所述，3-3′剖面取用相同的土样参数。其中尾矿层主要由材料③④尾粉砂组成；基础层的组成成分主要是⑥碎石。

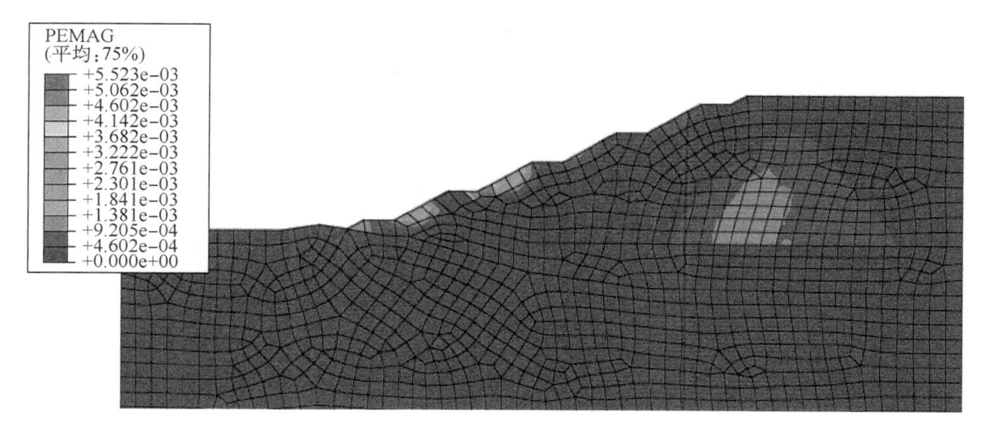

图 5-58 3-3′剖面东边坡失稳初期等效塑性应变云图

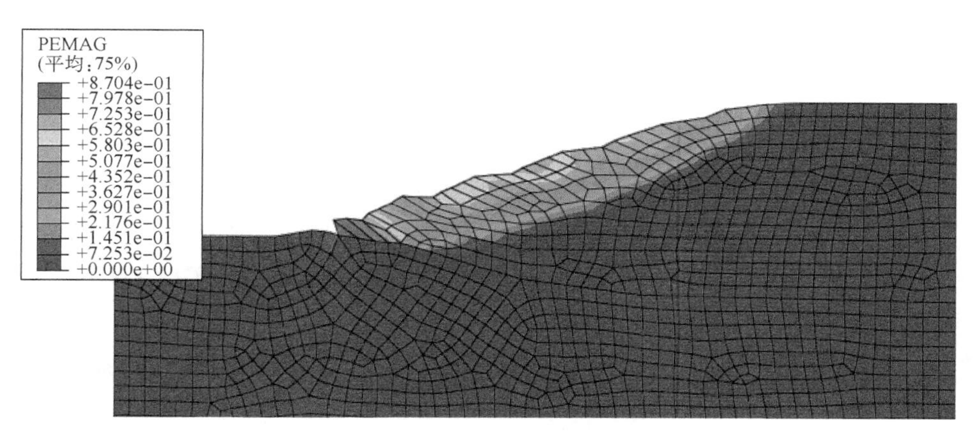

图 5-59 3-3′剖面东边坡失稳临界状态等效塑性应变云图

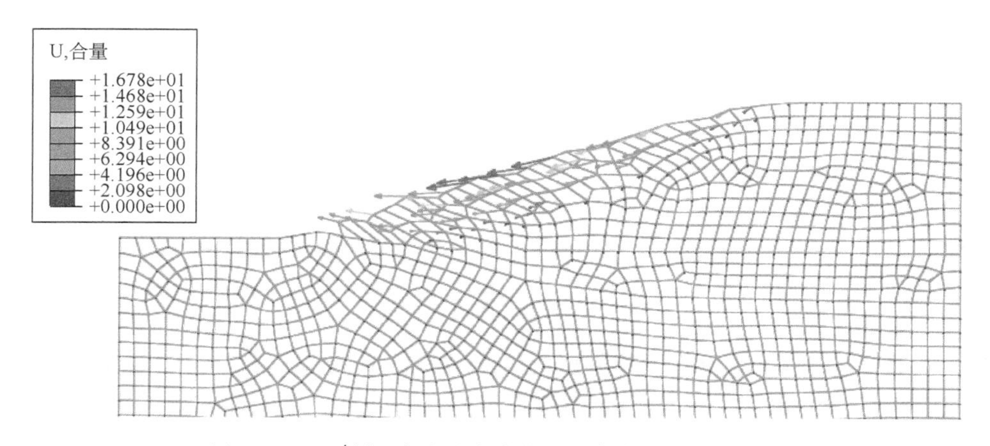

图 5-60 3-3′剖面东边坡失稳临界状态位移分布矢量图

剖面右端向西延长 50 m，认为此处水平方向位移和应力基本达到平衡状态，在此处施加水平方向位移约束。假定 3-3′剖面中间不会发生水平方向位移，在此处施加水平方向约束。模型中假定堆积物所能影响到的地层深度在 50 m 之内，因此模型将地基层向下延深 50 m 作为边界，并在底面施加固定约束。3-3′剖面西边坡地层结构和边界约束条件如图 5-61 所示。

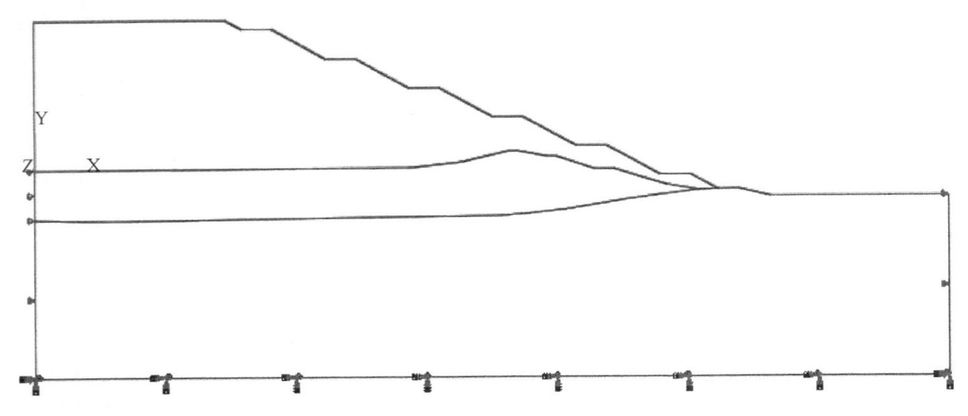

图 5-61　3-3′剖面西边坡地层和约束图

在 Abaqus 中使用均匀分布的体力代替重力对模型施加荷载，堆石的荷载为 $-21.1\ kN/m^3$，尾矿的荷载为 $-17.24\ kN/m^3$，基础的荷载为 $-29.82\ kN/m^3$。荷载示意图如图 5-62 所示。

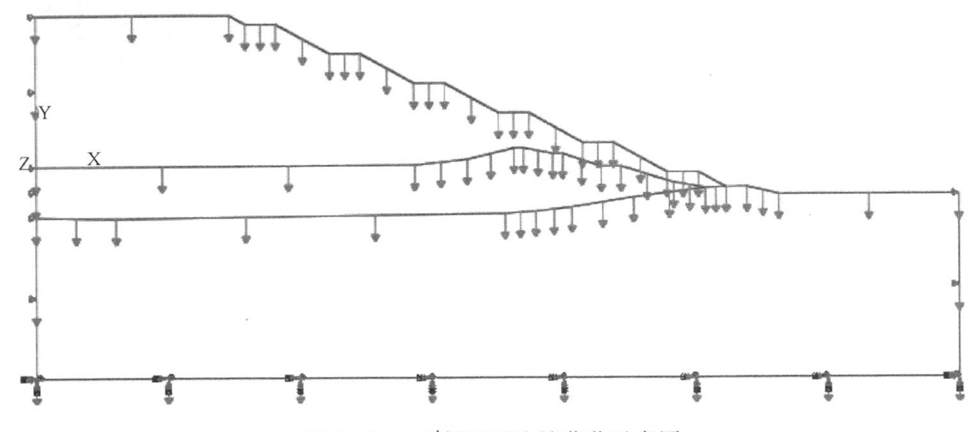

图 5-62　3-3′剖面西边坡荷载示意图

采用以四边形为主的网格划分方式，部分复杂区域使用三角形网格，控制网格的边长为 5 m 左右。采用四边形双线性平面应变单元。本截面共划分为 1259 个单元，如图 5-63 所示。

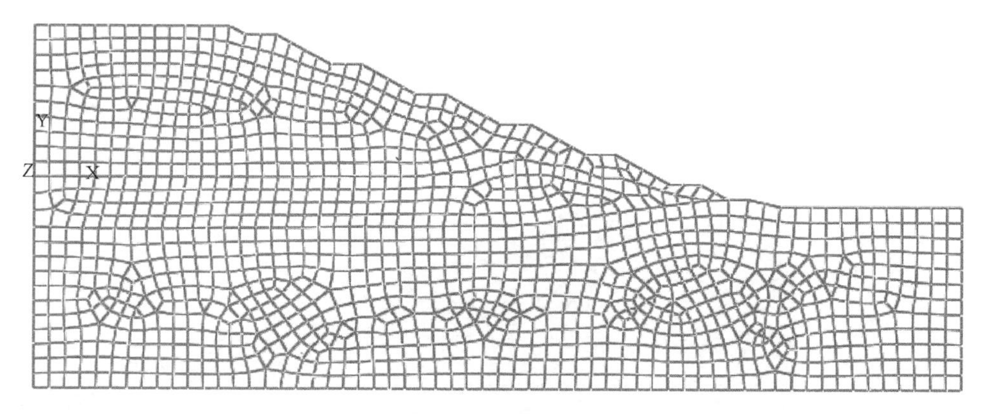

图 5-63 3-3′剖面西边坡网格划分

采用折减系数法对边坡的稳定性进行计算，失稳临界状态的水平位移云图如图 5-64 所示，沉降分布云图如图 5-65 所示。

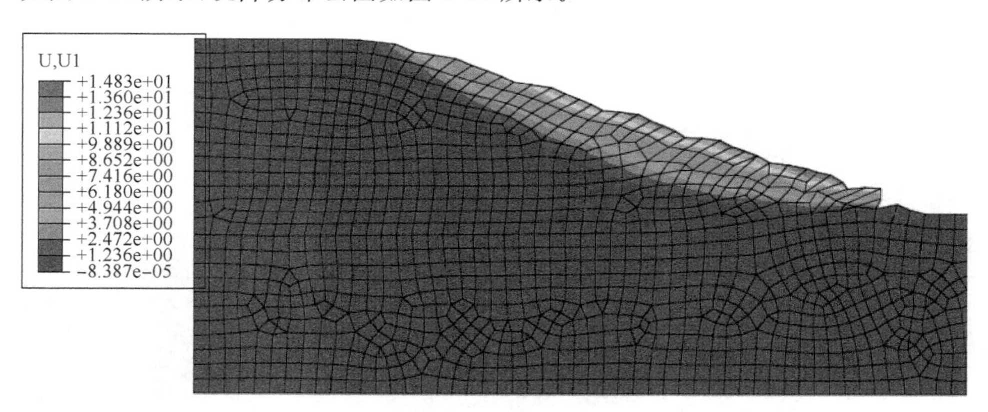

图 5-64 3-3′剖面西边坡失稳临界状态水平位移云图

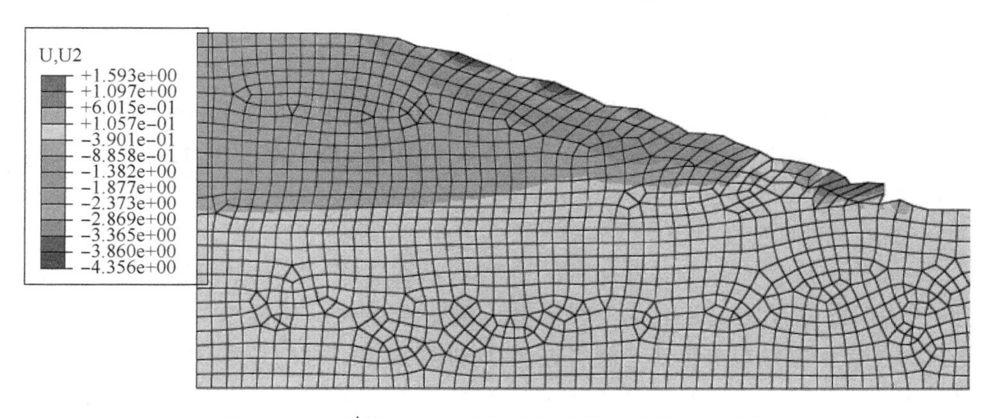

图 5-65 3-3′剖面西边坡失稳临界状态沉降分布云图

从逐渐折减系数的过程中可以看出，3-3′剖面西边坡的失稳从坡脚开始，其失稳初期等效塑性应变如图 5-66 所示。随着折减系数不断加大，边坡逐渐达到失稳临界状态，最终形成贯通滑裂面，图 5-67 失稳临界状态等效塑性应变云图显示了西边坡的贯通滑裂面的位置和形状。

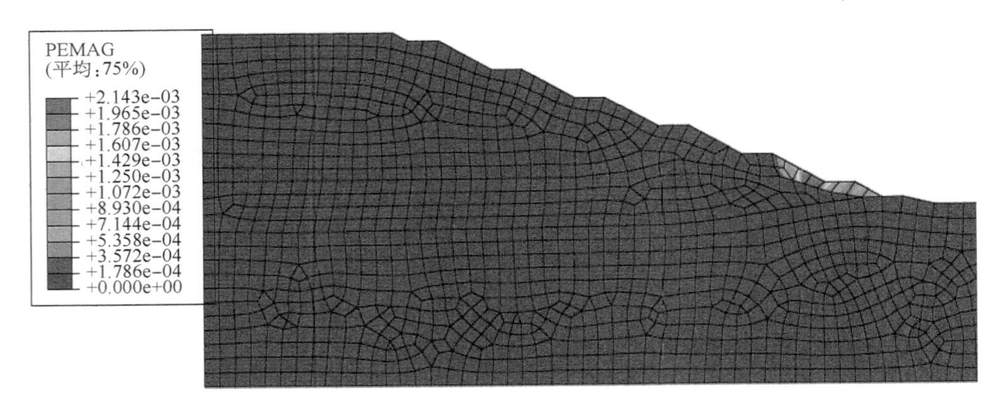

图 5-66　3-3′剖面西边坡失稳初期等效塑性应变云图

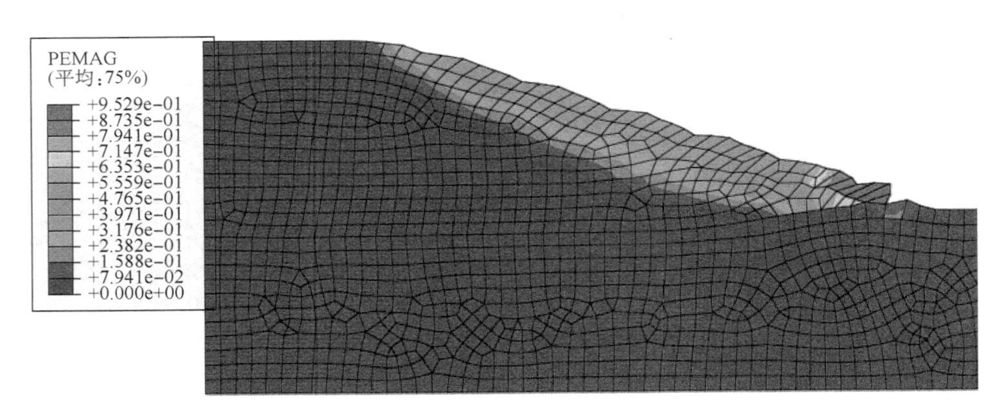

图 5-67　3-3′剖面西边坡失稳临界状态等效塑性应变云图

3-3′剖面西边坡失稳临界状态时各节点位移分布矢量图如图 5-68 所示。

在 3-3′剖面西边坡位移随折减系数变化曲线中，取位移显著变化点时的折减系数为该边坡的安全系数，则该边坡的安全系数为 1.41。

(3)4-4′剖面东边坡现状稳定性

4-4′剖面现状堆石高程为 436 m，距设计堆石高程 460 m 为 24 m，计算稳定性时，采用与设计工况相同的土样参数。剖面左端向东延长 50 m，认为此处水平方向位移和应力基本达到平衡状态，在此处施加水平方向位移约束。假定 4-4′剖面中间不会发生水平方向位移，在此处施加水平方向约束。模型中假定堆积物所能影响到的地层深度在 50 m 之内，因此模型将地基层向下延深 50 m 作为边界，并在底面施加固定约束。4-4′剖面东边坡地层结构和边界约束条件如 5-69 所示。

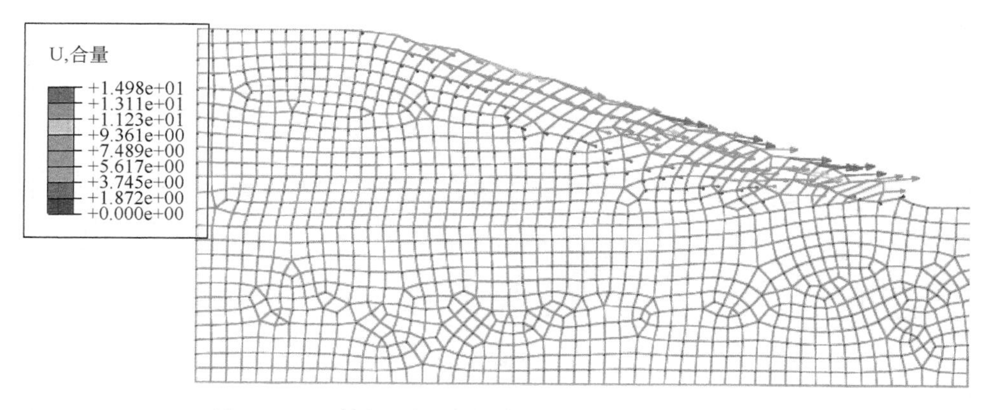

图 5-68　3-3′剖面西边坡失稳临界状态位移分布矢量图

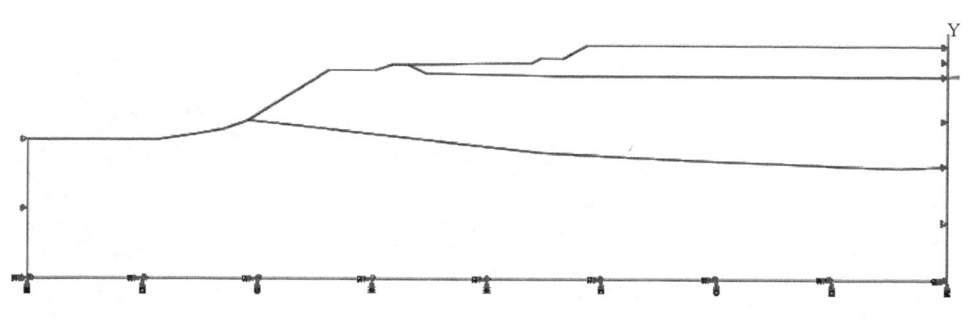

图 5-69　4-4′剖面东边坡地层和约束图

在 Abaqus 中使用均匀分布的体力代替重力对模型施加荷载，堆石的荷载为 $-21.1\ kN/m^3$，尾矿的荷载为 $-17.24\ kN/m^3$，基础的荷载为 $-29.82\ kN/m^3$。荷载示意图如图 5-70 所示。

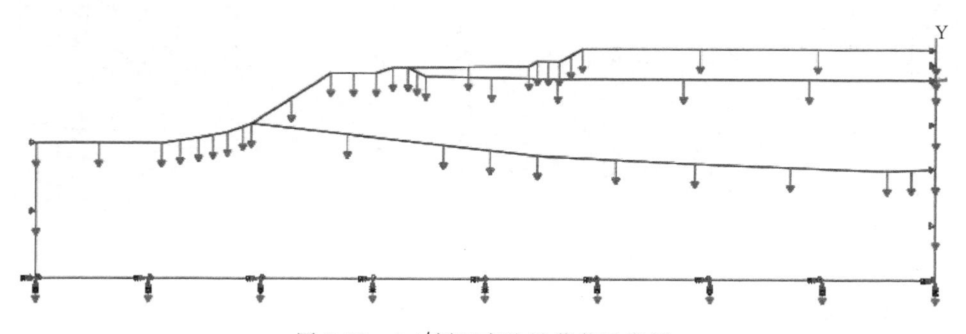

图 5-70　4-4′剖面东边坡荷载示意图

采用以四边形为主的网格划分方式，部分复杂区域使用三角形网格，控制网格的边长为 5 m 左右。采用四边形双线性平面应变单元。本截面共划分为 1634 个单元，如 5-71 所示。

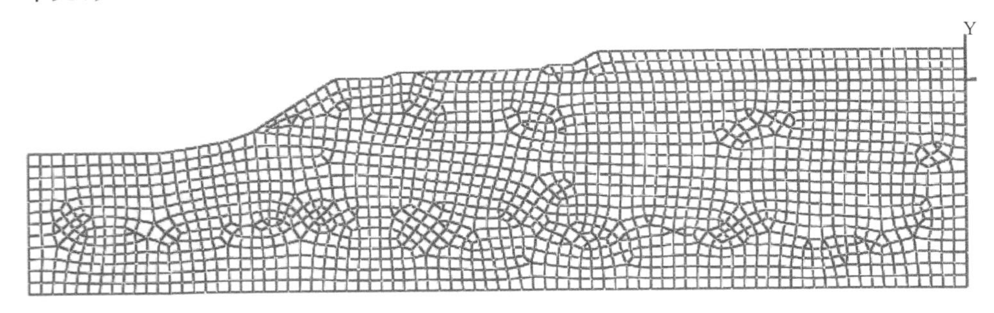

图 5-71　4-4′剖面东边坡网格划分

采用折减系数法对边坡的稳定性进行计算，失稳临界状态的水平位移云图如图 5-72 所示，沉降分布云图如图 5-73 所示。

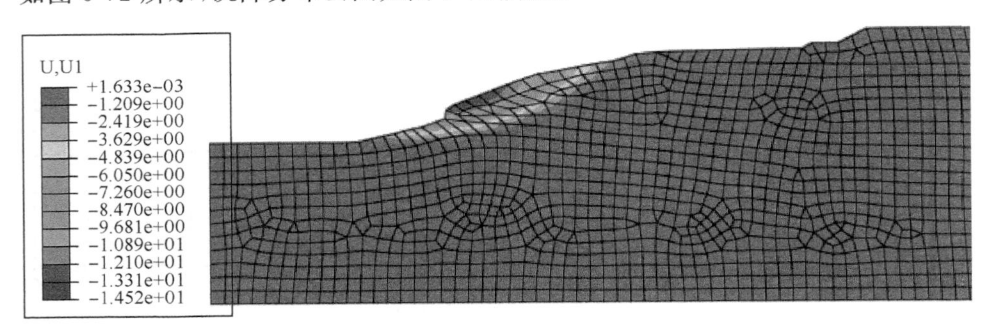

图 5-72　4-4′剖面东边坡失稳临界状态水平位移云图

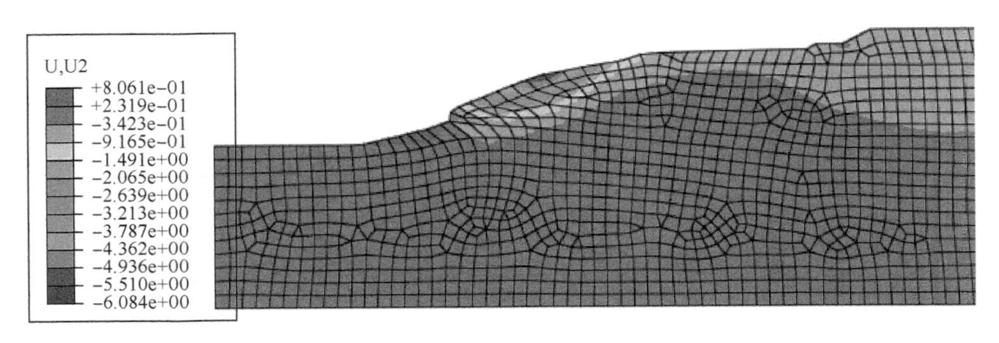

图 5-73　4-4′剖面东边坡失稳临界状态沉降分布云图

从逐渐折减系数的过程中可以看出，4-4′剖面东边坡的失稳从坡脚开始，其失稳初期等效塑性应变如图 5-74 所示。随着折减系数不断加大，边坡逐渐达到失稳临界状态，在临界失稳状态时，逐渐形成贯通滑裂面，图 5-75 失稳临界状态等效塑性应变云图显示了贯通滑裂面的位置和形状。与设计工况相比，由于堆石高度远未达到设计工况，所以在坡上部没有出现贯通滑裂面。

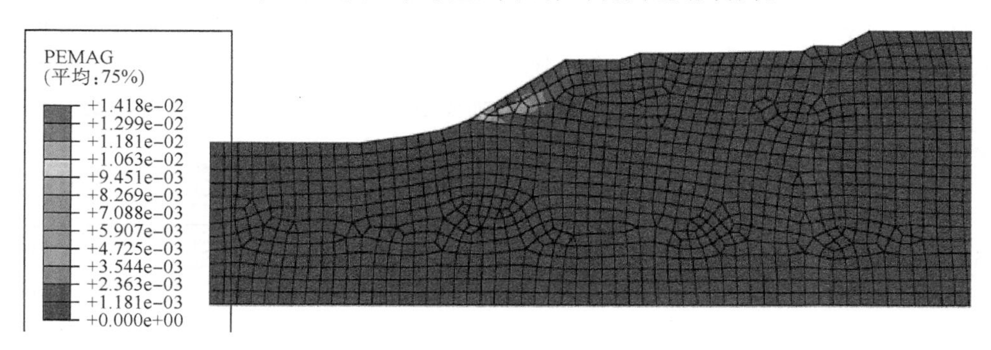

图 5-74　4-4′剖面东边坡失稳初期等效塑性应变云图

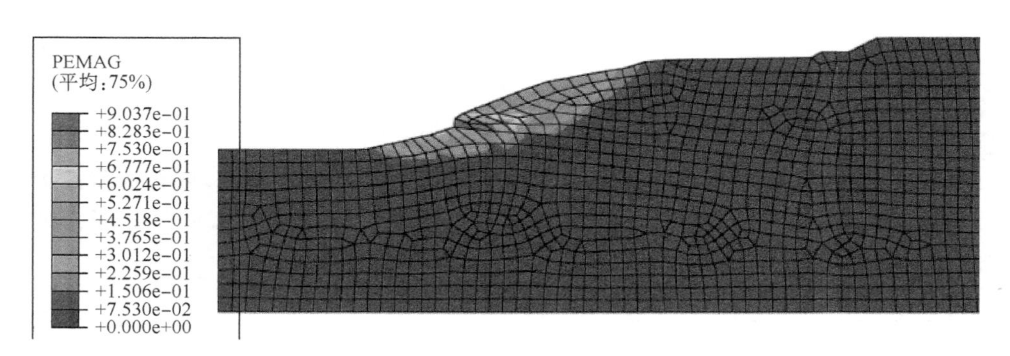

图 5-75　4-4′剖面东边坡失稳临界状态等效塑性应变云图

4-4′剖面东边坡失稳临界状态时各节点位移分布矢量图如图 5-75 所示。

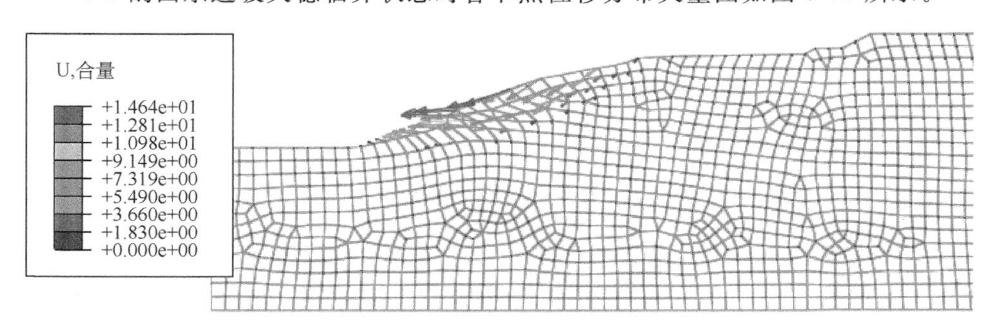

图 5-76　4-4′剖面东边坡失稳临界状态位移分布矢量图

在 4-4′剖面东边坡位移随折减系数变化曲线中，取位移显著变化点时的折减系数为该边坡的安全系数，则该边坡的安全系数为 1.48。

(4)4-4′剖面西边坡稳定性

4-4′剖面西边坡的土层参数与设计工况采用相同的参数。剖面右端向西延长 50 m，认为此处水平方向位移和应力基本达到平衡状态，在此处施加水平方向位移约束。假定 4-4′剖面中间不会发生水平方向位移，在此处施加水平方向约束。模型中假定堆积物所能影响到的地层深度在 50 m 之内，因此模型将地基层向下延深 50 m 作为边界，并在底面施加固定约束。4-4′剖面西边坡地层结构和边界约束条件如图 5-77 所示。

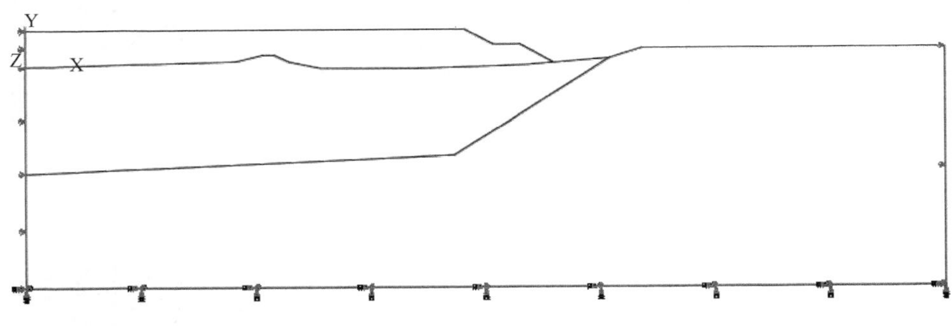

图 5-77　4-4′剖面西边坡地层和约束图

在 Abaqus 中使用均匀分布的体力代替重力对模型施加荷载，堆石的荷载为 $-21.1\ kN/m^3$，尾矿的荷载为 $-17.24\ kN/m^3$，基础的荷载为 $-29.82\ kN/m^3$。荷载示意图如图 5-78 所示。

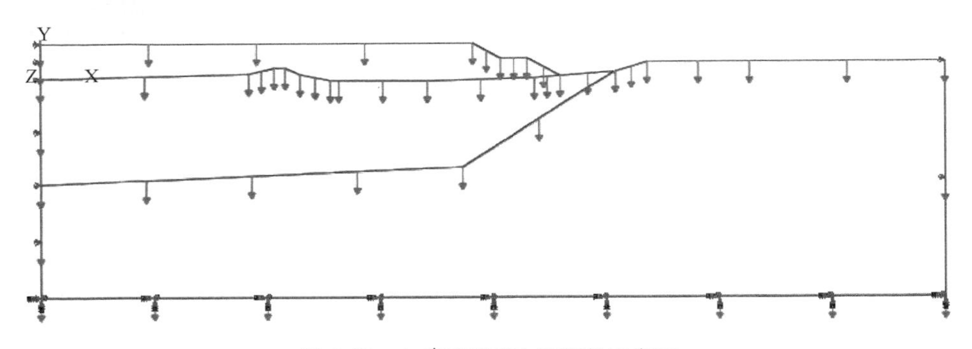

图 5-78　4-4′剖面西边坡荷载示意图

采用以四边形为主的网格划分方式，部分复杂区域使用三角形网格，控制网格的边长为 5 m 左右。采用四边形双线性平面应变单元。本截面共划分为 1469 个单元，如图 5-79 所示。

采用折减系数法对边坡的稳定性进行计算，失稳临界状态的水平位移云图如图 5-80 所示，沉降分布云图如图 5-81 所示。

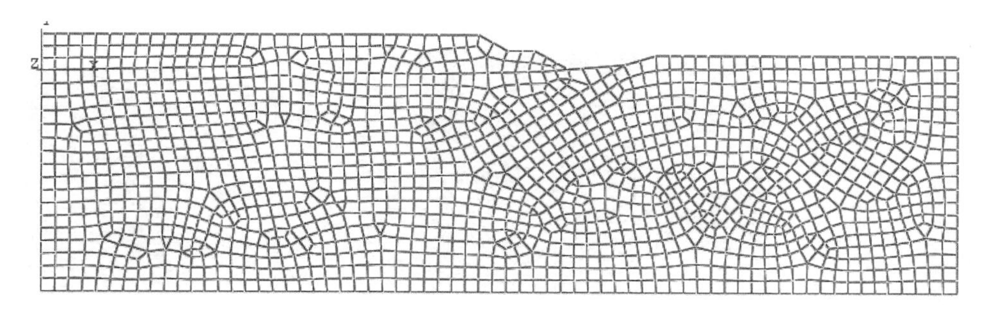

图 5-79 4-4′剖面西边坡网格划分

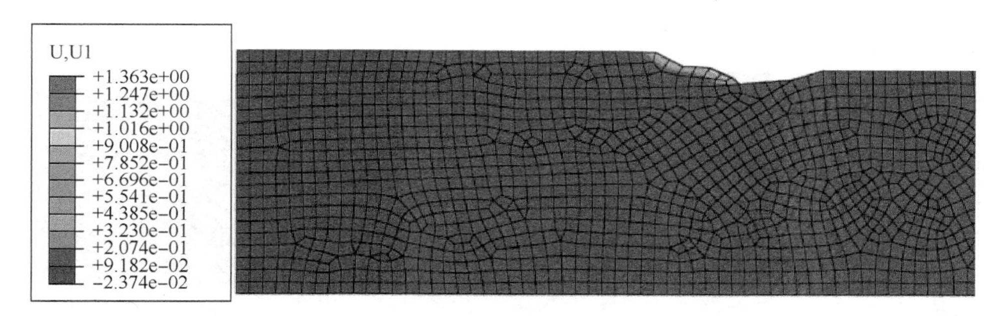

图 5-80 4-4′剖面西边坡失稳临界状态水平位移云图

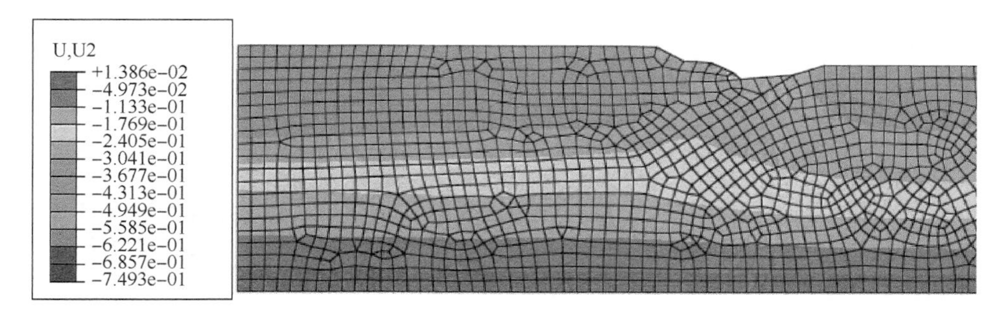

图 5-81 4-4′剖面西边坡失稳临界状态沉降分布云图

从逐渐折减系数的过程中可以看出，4-4′剖面西边坡的失稳从坡脚开始，其失稳初期等效塑性应变如图 5-82 所示。随着折减系数不断加大，边坡逐渐达到失稳临界状态，最终形成贯通滑裂面，图 5-83 等效塑性应变云图显示了西边坡的贯通滑裂面的位置和形状。

4-4′剖面西边坡失稳临界状态时各节点位移分布矢量图如图 5-84 所示。

在 4-4′剖面西边坡位移随折减系数变化曲线中，取位移显著变化点时的折减系数为该边坡的安全系数，则该边坡的安全系数为 1.47。

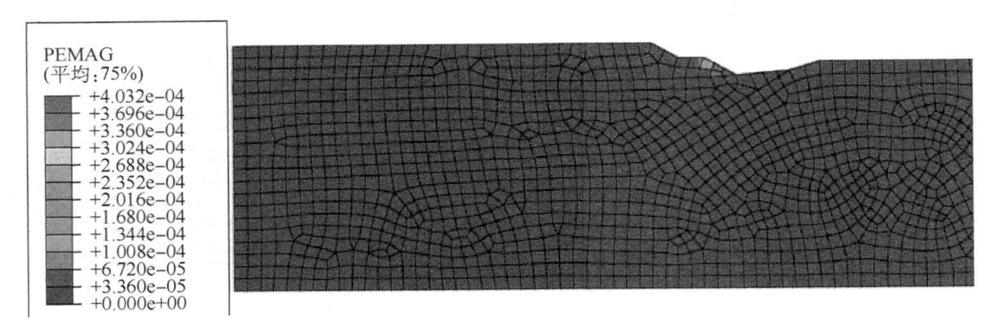

图 5-82　4-4′剖面西边坡失稳初期等效塑性应变云图

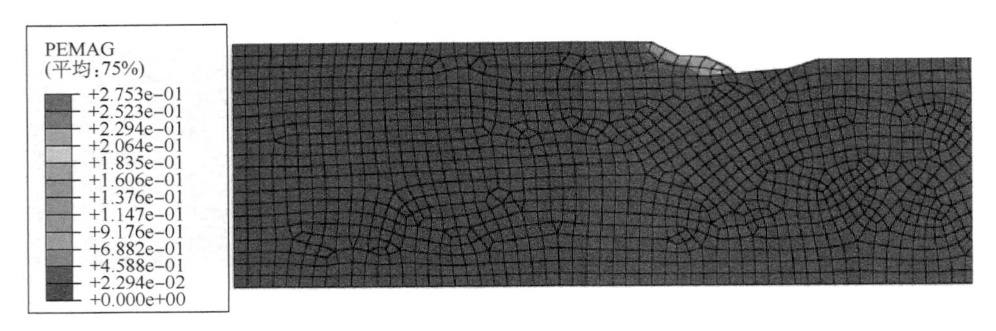

图 5-83　4-4′剖面西边坡失稳临界状态等效塑性应变云图

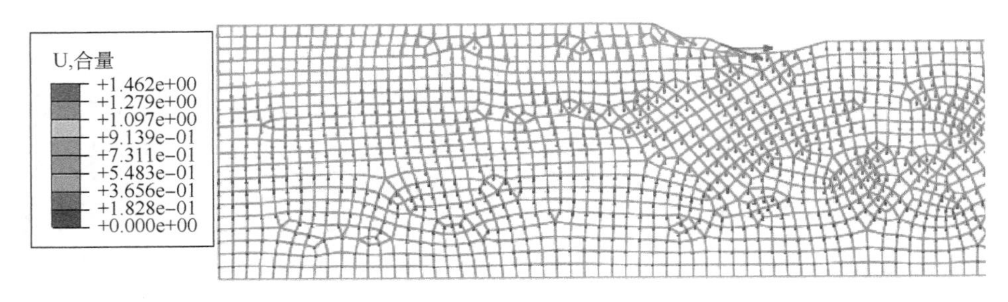

图 5-84　4-4′剖面西边坡失稳临界状态位移分布矢量图

5.6.4　边坡抗震稳定性分析

本排土场抗震设防烈度为 7 度，设计基本地震加速度值为 0.10 g，将 0.10 g 的体力加载到典型剖面上，分析坝体在设计工况下的抗震稳定性。

(1)2-2′剖面边坡抗震稳定性

采用设计工况相同的参数、约束和网格，另外施加地震荷载。采用折减系数法对边坡的稳定性进行计算，东边坡失稳临界状态的水平位移云图如图 5-85 所示，沉降分布云图如图 5-86 所示。

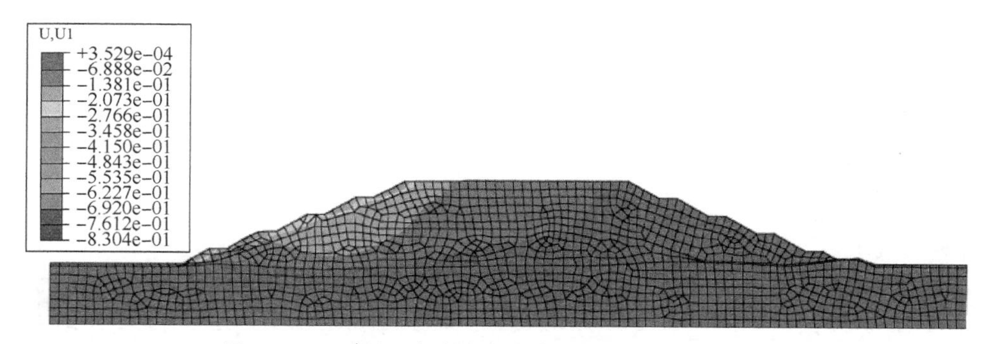

图 5-85　2-2′剖面东边坡失稳临界状态水平位移云图

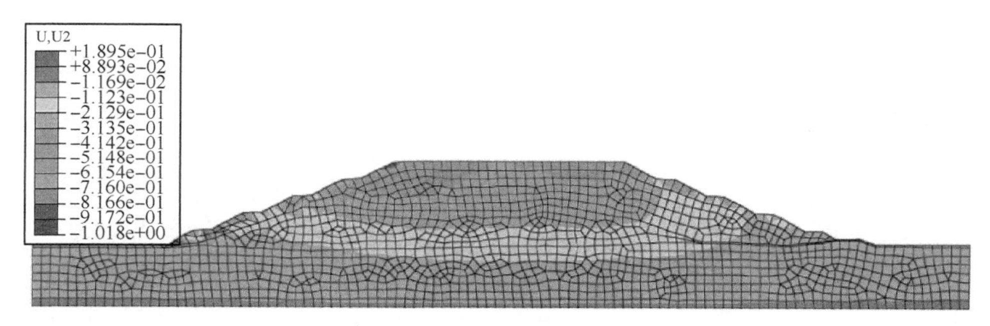

图 5-86　2-2′剖面东边坡失稳临界状态沉降分布云图

西边坡失稳临界状态的水平位移云图如图 5-87 所示，沉降分布云图如图 5-88 所示。

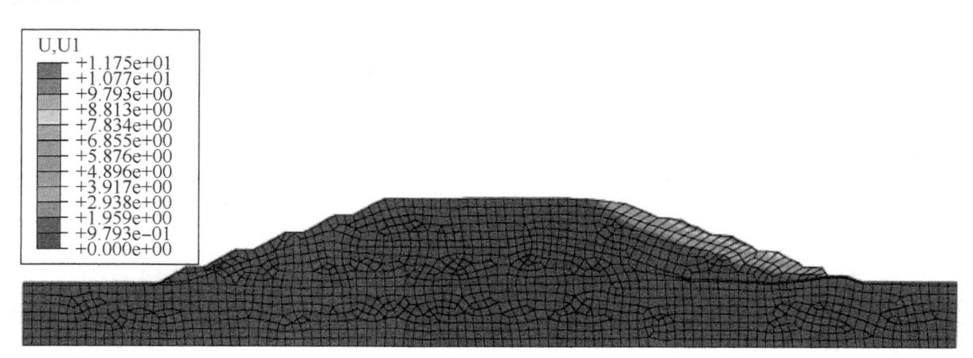

图 5-87　2-2′剖面西边坡失稳临界状态水平位移云图

2-2′剖面东边坡失稳临界状态时各节点位移分布矢量图如图 5-89 所示。2-2′剖面西边坡失稳临界状态时各节点位移分布矢量图如图 5-90 所示。

在 2-2′剖面位移随折减系数变化曲线中，取位移显著变化点时的折减系数为该边坡的安全系数，则东边坡的抗震安全系数为 1.26，西边坡抗震安全系数约为 1.37。

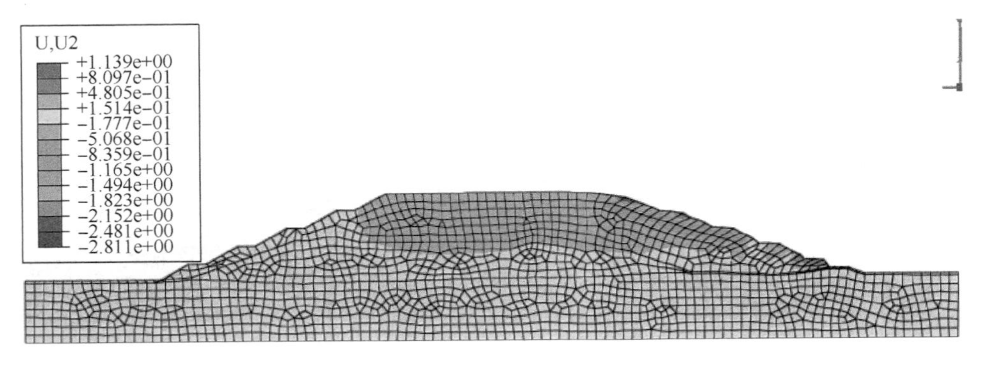

图 5-88　2-2′剖面西边坡失稳临界状态沉降分布云图

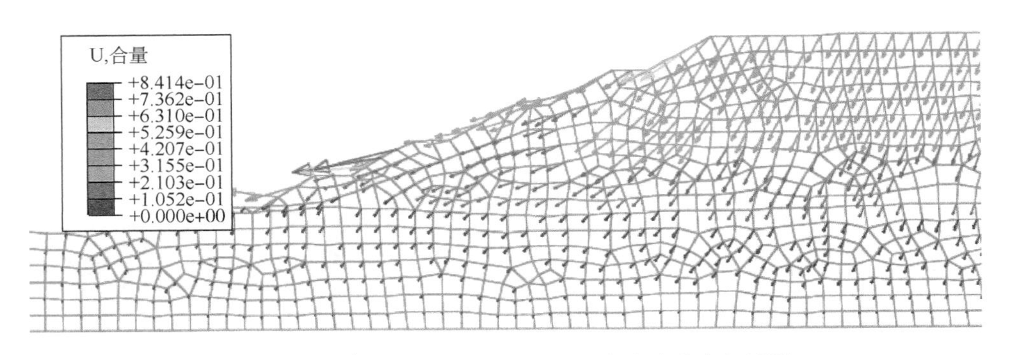

图 5-89　2-2′剖面东边坡失稳临界状态位移分布矢量图

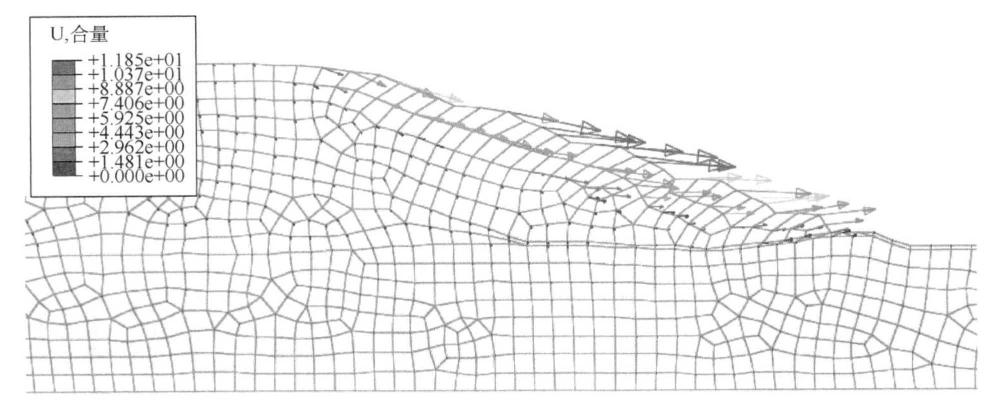

图 5-90　2-2′剖面西边坡失稳临界状态位移分布矢量图

(2)3-3′剖面东边坡抗震稳定性

采用设计工况相同的参数、约束和网格,另外施加地震荷载。采用折减系数法对边坡的稳定性进行计算,3-3′剖面东边坡失稳临界状态的水平位移云图如图 5-91 所示,沉降分布云图如图 5-92 所示。

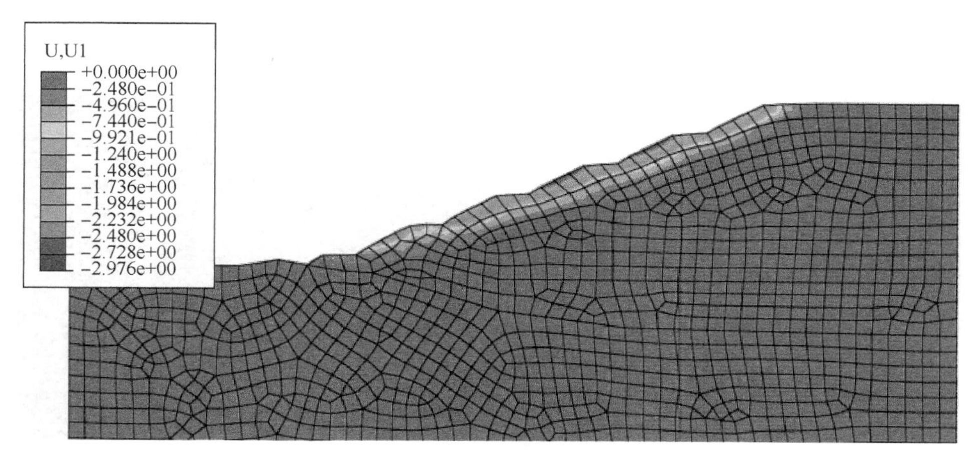

图 5-91 3-3′剖面东边坡失稳临界状态水平位移云图

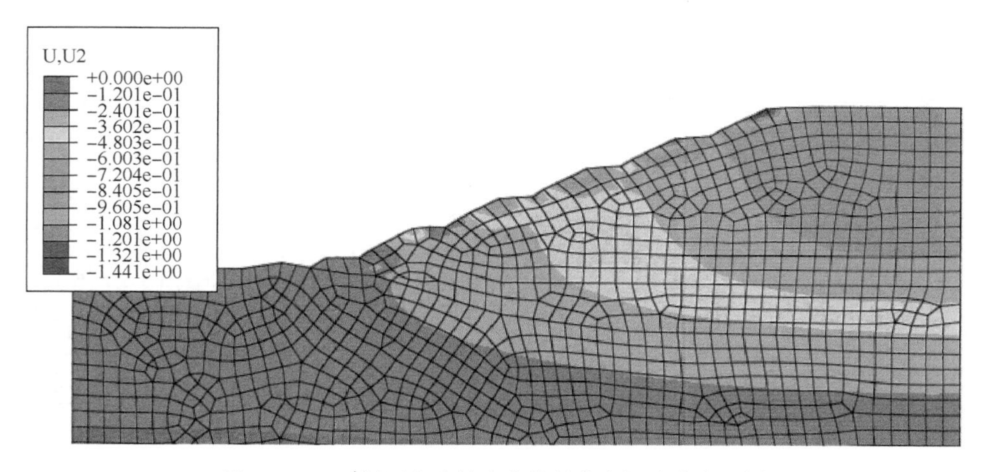

图 5-92 3-3′剖面东边坡失稳临界状态沉降分布云图

3-3′剖面东边坡的抗震失稳临界状态的贯通滑裂面等效塑性应变云图如图5-93所示，该图显示了东边坡的贯通滑裂面的位置和形状。

3-3′剖面东边坡失稳临界状态时各节点位移分布矢量图如图5-94所示。

在3-3′剖面东边坡位移随折减系数变化曲线中，取位移显著变化点时的折减系数为该边坡的抗震安全系数，则该边坡的抗震安全系数为1.33。

(3)3-3′剖面西边坡抗震稳定性

采用设计工况相同的参数、约束和网格，另外施加地震荷载。采用折减系数法对边坡的稳定性进行计算，3-3′剖面西边坡失稳临界状态的水平位移云图如图5-95所示，沉降分布云图如图5-96所示。

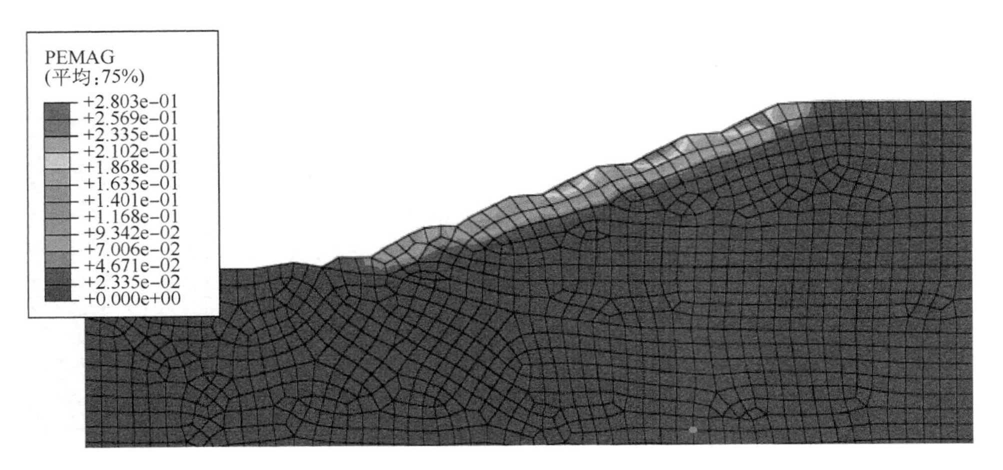

图 5-93 3-3′剖面东边坡失稳临界状态等效塑性应变云图

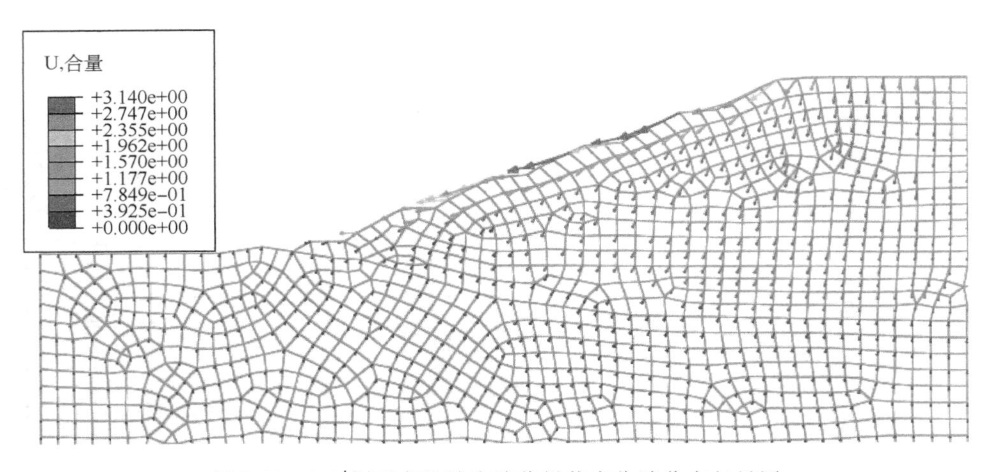

图 5-94 3-3′剖面东边坡失稳临界状态位移分布矢量图

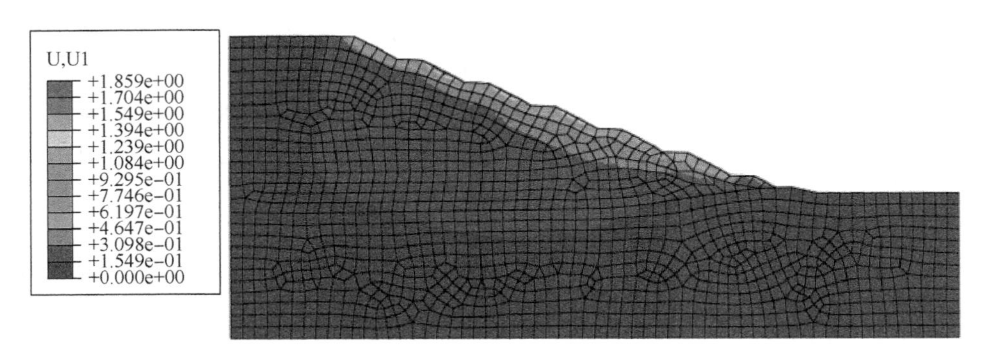

图 5-95 3-3′剖面西边坡失稳临界状态水平位移云图

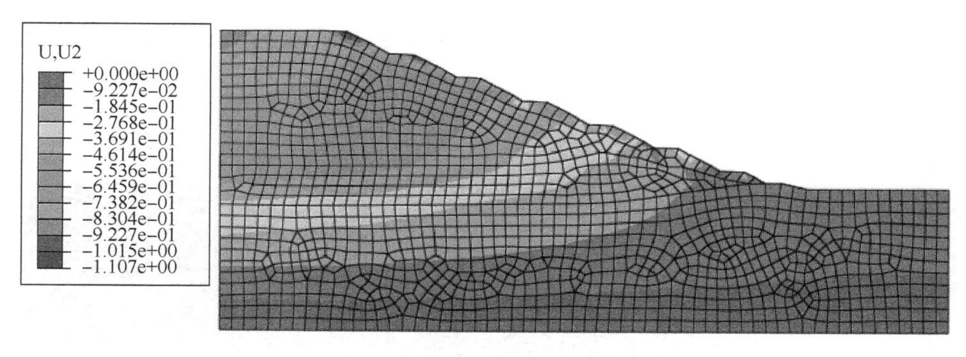

图 5-96 3-3′剖面西边坡失稳临界状态沉降分布云图

图 5-97 等效塑性应变云图显示了西边坡的贯通滑裂面的位置和形状。

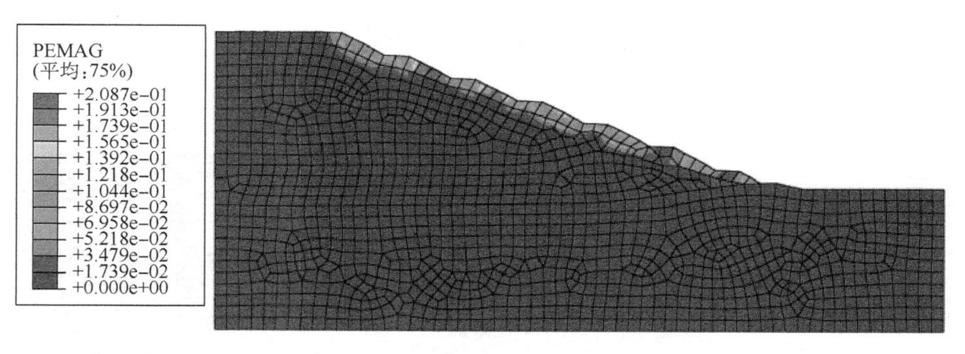

图 5-97 3-3′剖面西边坡失稳临界状态等效塑性应变云图

3-3′剖面西边坡抗震失稳临界状态时各节点位移分布矢量图如图 5-98 所示。

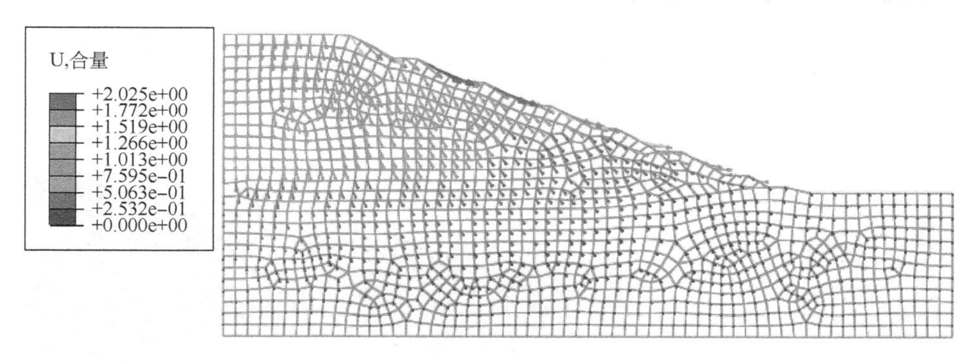

图 5-98 3-3′剖面西边坡失稳临界状态位移分布矢量图

在 3-3′剖面西边坡位移随折减系数变化曲线中，取位移显著变化点时的折减系数为该边坡的抗震安全系数，则该边坡的抗震安全系数为 1.35。

(4)4-4′剖面东边坡抗震稳定性

采用设计工况相同的参数、约束和网格，另外施加地震荷载。采用折减系数法对边坡的抗震稳定性进行计算，4-4′剖面东边坡失稳临界状态的水平位移云图如图 5-99 所示，沉降分布云图如图 5-100 所示。

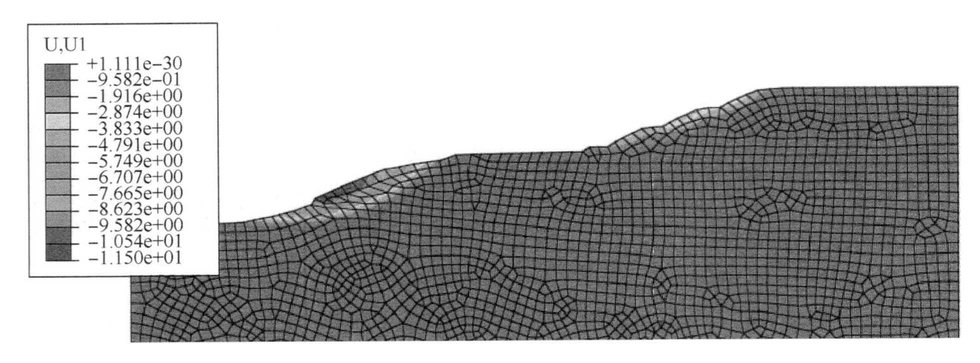

图 5-99　4-4′剖面东边坡失稳临界状态水平位移云图

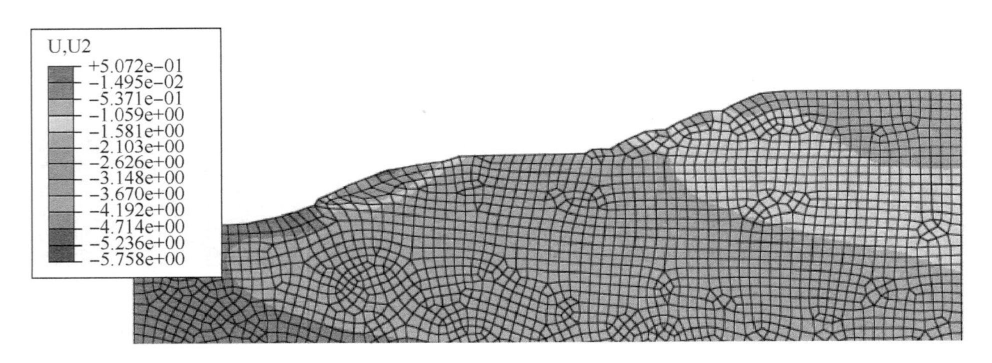

图 5-100　4-4′剖面东边坡失稳临界状态沉降分布云图

图 5-101 等效塑性应变云图显示了东边坡两个独立贯通滑裂面的位置和形状。

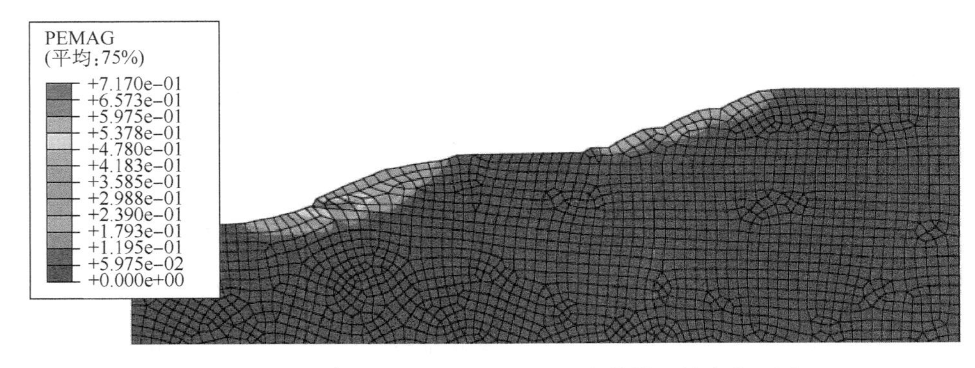

图 5-101　4-4′剖面东边坡失稳临界状态等效塑性应变云图

4-4′剖面东边坡失稳临界状态时各节点位移分布矢量图如图 5-102 所示。

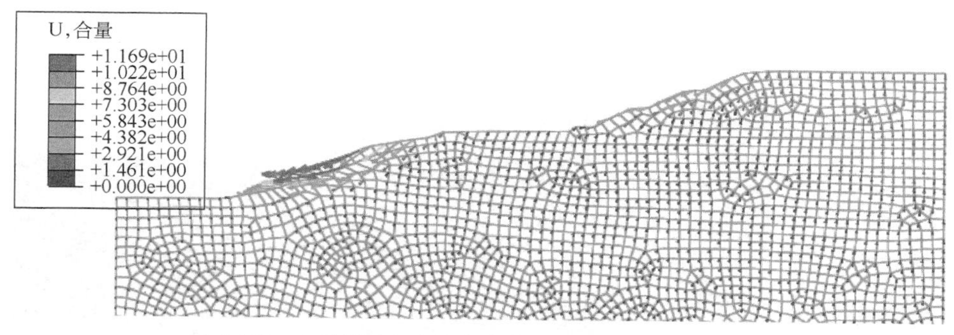

图 5-102　4-4′剖面东边坡失稳临界状态位移分布矢量图

在 4-4′剖面东边坡位移随折减系数变化曲线中，取位移显著变化点时的折减系数为该边坡的安全系数，则该边坡的抗震安全系数为 1.41。

(5)4-4′剖面西边坡抗震稳定性

采用设计工况相同的参数、约束和网格，另外施加地震荷载。采用折减系数法对边坡的抗震稳定性进行计算，4-4′剖面西边坡失稳临界状态的水平位移云图如图 5-103 所示，沉降分布云图如图 5-104 所示。

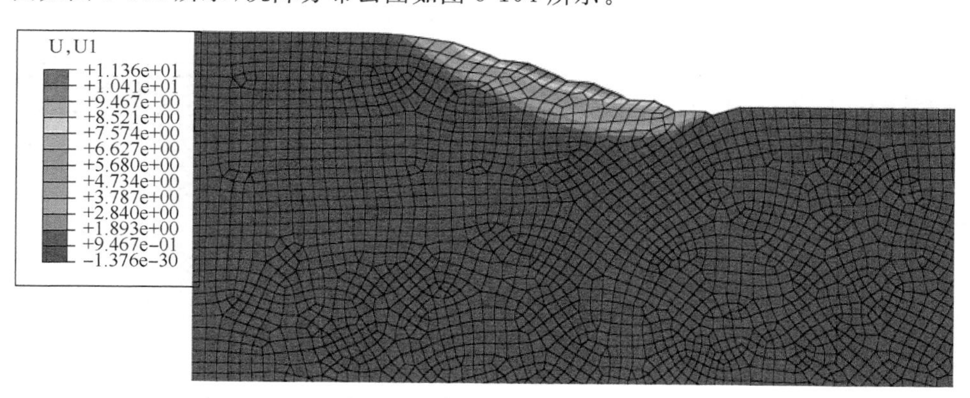

图 5-103　4-4′剖面西边坡失稳临界状态水平位移云图

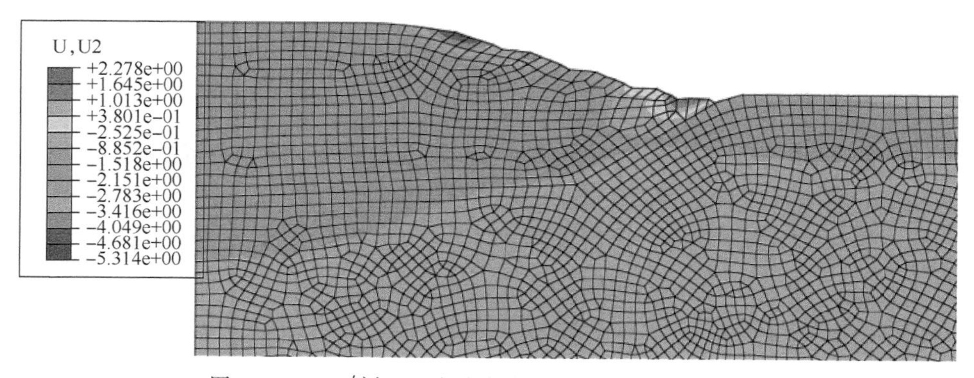

图 5-104　4-4′剖面西边坡失稳临界状态沉降分布云图

图 5-105 等效塑性应变云图显示了西边坡的贯通滑裂面的位置和形状。

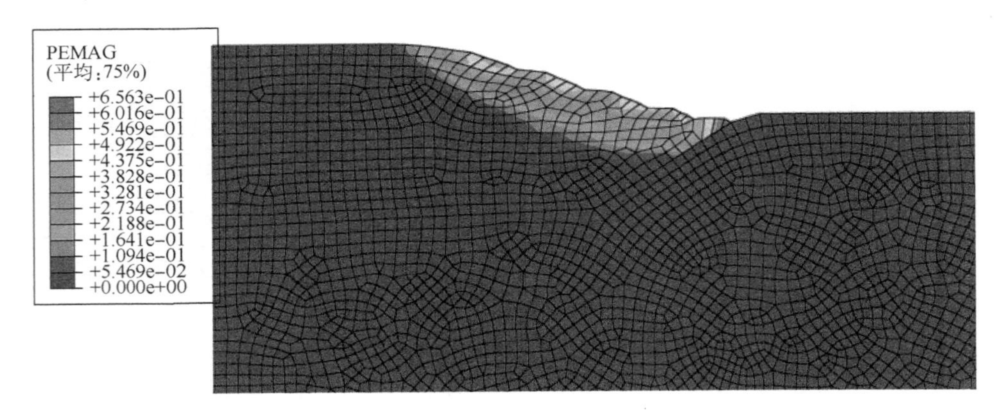

图 5-105　4-4′剖面西边坡失稳临界状态等效塑性应变云图

4-4′剖面西边坡失稳临界状态时各节点位移分布矢量图如图 5-106 所示。

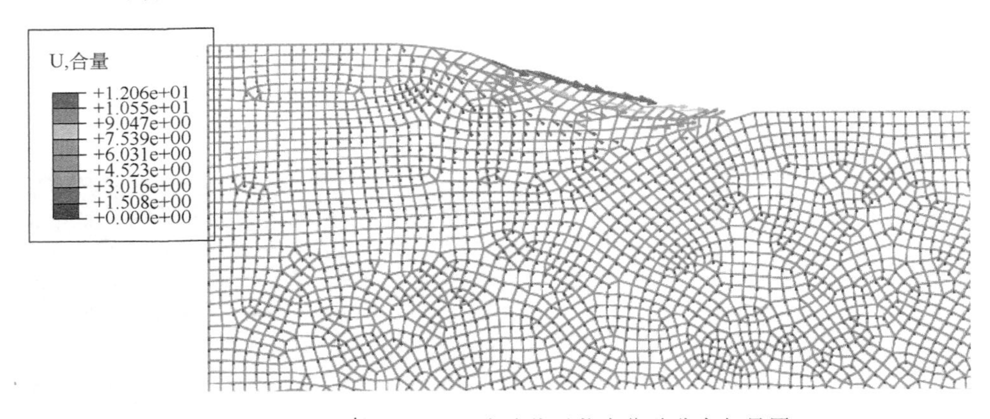

图 5-106　4-4′剖面西边坡失稳临界状态位移分布矢量图

在 4-4′剖面西边坡位移随折减系数变化曲线中，取位移显著变化点时的折减系数为该边坡的安全系数，则该边坡的抗震安全系数为 1.37。

5.6.5　边坡稳定性小结

通过计算，各边坡在各工况下的安全系数见表 5-9。从表中可知该排土场在各工况下安全系数满足相关要求，设计符合要求。

表 5-9　各边坡安全系数

边坡	设计工况安全系数	现状安全系数	抗震安全系数
2-2′剖面东边坡	1.42	1.42	1.26
2-2′剖面西边坡	1.44	1.44	1.37
3-3′剖面东边坡	1.48	1.50	1.33
3-3′剖面西边坡	1.37	1.41	1.35
4-4′剖面东边坡	1.45	1.48	1.41
4-4′剖面西边坡	1.42	1.47	1.37

5.7　排土场防洪安全单元

5.7.1　排洪设施设计方案技术论证

某公司停用尾矿库上改建排土场工程在可研报告中对排洪系统和防洪安全进行了设计，包括以下几个方面。

(1)排洪设施设计标准

该排土场的设计总容量为 1840×10^4 m^3，堆置高度为 120 m，对照《有色金属矿山排土场设计规范》，排土场等别为一等。该排土场为一等排土场，排洪设施设计频率应按 $P=1/25$ 设计。

(2)洪水计算

该排土场最大汇流面积为 0.55 km^2。汇水设计通过堆场外围排水沟分别由 4 条排水沟向南北两侧排至堆场外。其中排往北侧的东西两条排水沟对应的汇水面积为 0.514 km^2，每条排水沟对应面积约 0.257 km^2。

洪峰流量的计算采用地方经验式：$Q_P=M_PF^{0.75}$ 计算。式中：

M_P 为洪峰流量模数，$M_P=K_PM$，$P=4\%$；

M 为平均洪峰流量模数，对于项目所在地区 $M=3.3$；

K_P 为洪峰流量模数的模比系数，根据洪水设计频率 P，$C_V=1.0$，$C_S=2.5C_V$，查表取得 $K_P=3.26$；

F 为排水沟对应的汇水面积，$F=0.257$ km^2；

根据上述参数，计算排水沟排泄的洪峰流量为：$Q_{4\%}=3.88$ m^3/s。

(3)堆场排水设施

设计在排土场周边的边坡脚附近设环绕排土场的浆砌石排水沟，作为排土场的主排水设施。排土场边坡及台阶形成后在部分台阶上修建排水沟。所有的排水沟均采用矩形断面浆砌石结构。排水沟相互连接形成排土场的排水网络。

主排水沟净断面尺寸为 1 m×1.1 m，全长 3450 m。

堆场下游设 10 m×5 m×2 m 浆砌石收集水池，堆场排水设施排出的雨水汇入该集水池后，由水泵送至生产系统循环使用。

(4)排洪能力计算

设计主排水沟采用浆砌石砌筑，断面为矩形，净断面尺寸为 1 m×1.1 m，设计最小坡度为 2.5%，设计糙率为 0.02。

经明渠均匀流公式计算验证，其过流能力为 4.03 m^3/s，大于 3.88 m^3/s，满足设计图纸要求。

5.7.2 其他影响因素评估

根据现场勘察发现，在该排土场西北侧有一处面积较大的集水池，对该排土场边坡安全会产生一定的影响。图 5-107 为旱季水池的蓄水状态。

图 5-107 排土场西北侧的集水池

当雨季到来时，大气降雨和地表水汇入池中，使其水位升高，对排土场的基础起到浸润作用，导致排土场初始稳定状态发生改变，稳定条件迅速恶化。

滑坡的产生与水的关系极为密切，民间有“十滑九水”的说法，可见水对滑坡的影响之大。该排土场附近无排水河流，在降雨充沛的夏季，尤其在遇到大暴雨期间，大量的山坡汇水和水池积水给排土场西北侧坡脚提供了充足的水源，可软化排土场基础岩、土，降低岩、土体抗剪强度，使排土场原来的平衡状态发生变化，土场充水饱和，一方面增加了排土场承载质量，同时又降低了排土场内部潜在的滑动面的摩擦力，因此，形成了导致排土场滑坡的重要诱因。

5.7.3 防洪安全小结

根据《某公司停用尾矿库上改建排土场工程可行性研究报告》，可以得出如下结论：

(1)某公司停用尾矿库上改建排土场工程排洪系统设计的防洪能力满足该排土场的安全运行要求。

(2)随着排土场的加高，公司应严格按照可研中堆场排水设施设计，修建排土场排水系统。

(3)进行疏干排水。在雨季来临前保持截水沟、排水沟通畅，使地表水不往排土场内部排泄，公司今后在排土场日常检查中应加强排洪设施的安全检查。

(4)应对流入排土场的地表水进行拦截，对排土场内原有地表水及大气降水进行疏导，避免产生渗流水压力，减少对排土场边坡的危害。

(5)进一步关注排土场东北侧基础稳定性，避免东北侧山谷汇水对坝基稳定性造成影响，必要时进行加固。

5.8 排土场安全管理现状单元

根据《金属非金属矿山排土场安全生产规则》，采用安全检查表法对某公司停用尾矿库上改建排土场工程安全管理现状进行论证。如表5-10所示。

表5-10 停用尾矿库上改建排土场工程安全管理现状检查表

序号	检查内容	检查依据	是否符合要求	备注
1	企业主要负责人是排土场安全生产第一责任人，主要负责人应指定或设立相应的机构负责实施本规则有关排土场安全规定的各项要求，配备与实际工作相适应的专业技术人员或有实际工作能力的人员负责排土场的安全管理工作，保证安全生产所需经费。	《金属非金属矿山排土场安全生产规则》第4.1条	是	总经理×××为排土场安全生产第一责任人，其主要安全生产职责见某公司《露天矿山安全标准化管理手册》第一章，安全生产职责篇(一)。

续表

序号	检查内容	检查依据	是否符合要求	备注
2	建立健全适合本单位排土场实际情况的规章制度，包括：排土场安全目标管理制度；排土场安全生产责任制度；排土场安全生产检查制度；排土场安全技术措施实施计划；排土场安全操作以及有关安全培训、教育制度和安全评价制度。	《金属非金属矿山排土场安全生产规则》第4.2条	是	公司建有《2012年某公司排土工程安全技术措施计划》《排卸指挥工安全操作规程》《边坡工安全操作规程》《推土机司机安全操作规程》等岗位安全操作规程，《某公司排土场安全生产目标管理制度》《排土场安全生产检查制度》《安全教育培训制度》，划分了排土场安全生产职责。应建立排土作业操作规程。
3	企业必须严格按照设计文件的要求和有关技术规范，做好排土场安全检查和监测工作。	《金属非金属矿山排土场安全生产规则》第4.3条	否	公司按照排土场安全检查制度要求进行日常检查和定期检查（包括汛期检查）。公司目前未布置位移观测设施。
4	排土场滚石区应设置醒目的安全警示标志。	《金属非金属矿山排土场安全生产规则》第4.5条	否	可能发生滚石区域未设置安全警示标志。
5	汽车排土作业时，应有专人指挥，非作业人员一律不得进入排土作业区，凡进入作业区内工作人员、车辆、工程机械必须服从指挥人员的指挥。	《金属非金属矿山排土场安全生产规则》第6.1.1条	是	排土作业现场有专人（1人）负责排土指挥工作。
6	排土场平台必须平整，排土线应整体均衡推进，坡顶线应呈直线形或弧形，排土工作面向坡顶线方向应有3%～5%的反坡。	《金属非金属矿山排土场安全生产规则》第6.1.2条	是	目前排土场正在作业的是430 m台阶，基本呈直线推进，有3%～5%的反坡。

续表

序号	检查内容	检查依据	是否符合要求	备注
7	排土卸载平台边缘要设置安全车挡，其高度不小于轮胎直径的2/5，车挡顶部和底部宽度应分别不小于轮胎直径的1/3和1.3倍；设置移动车挡设施的，要按移动车挡要求作业。	《金属非金属矿山排土场安全生产规则》第6.1.3条	否	正在作业的排土卸载平台边缘未设置安全车挡。
8	应按规定顺序排弃土岩，在同一地段进行卸车和推土作业时，设备之间必须保持足够的安全距离。	《金属非金属矿山排土场安全生产规则》第6.1.4条	是	严格按照设计排土顺序进行。在同一地段作业的多个车辆间距大于安全距离（不小于35 m）。
9	卸土时，汽车应垂直于排土工作线；严禁高速倒车、冲撞安全车挡。	《金属非金属矿山排土场安全生产规则》第6.1.5条	是	卸土时，汽车基本垂直排土线。《排土场安全生产检查制度》中规定，汽车倒车速度应小于5 km/h。
10	推土时，在排土场边缘严禁推土机沿平行坡顶线方向推土。	《金属非金属矿山排土场安全生产规则》第6.1.6条	否	现场观察，有推土机平行坡顶线方向推土。
11	排土场作业区内因雾、粉尘、照明等因素使驾驶员视距小于30米或遇暴雨、大雪、大风等恶劣天气时，应停止排土作业。	《金属非金属矿山排土场安全生产规则》第6.1.8条	是	《排土场安全生产检查制度》中有相关规定。
12	汽车进入排土场内应限速行驶，距排土工作面50～200米限速16公里/小时，小于50米限速8公里/小时；排土作业区内应设置一定数量的限速牌等安全标志牌。	《金属非金属矿山排土场安全生产规则》第6.1.9条	否	《排土场安全生产检查制度》中有相关规定。排土作业区未设置限速牌。
13	排土作业区照明必须完好，灯塔与排土挡墙距离15～25 m，照明角度必须符合要求，夜间无照明禁止排土。	《金属非金属矿山排土场安全生产规则》第6.1.10条	否	排土作业区设有一盏探照灯，与排土线距离远超过25 m。

续表

序号	检查内容	检查依据	是否符合要求	备注
14	排土作业区必须配备足够数量且质量合格、适应汽车突发事故应急的钢丝绳(不少于四根)、大卸扣(不少于四个)、灭火器等应急工具。	《金属非金属矿山排土场安全生产规则》第6.1.11条	否	排土作业区未配备应急工具。
15	山坡排土场周围应修筑可靠的截洪和排水设施拦截山坡汇水。	《金属非金属矿山排土场安全生产规则》第7.1条	是	排土场周边的边坡脚附近设有环绕排土场的浆砌石排水沟。
16	排土场内平台应实施2%～3%的反坡,并在排土场平台修筑排水沟拦截平台表面山坡汇水。	《金属非金属矿山排土场安全生产规则》第7.2条	否	排土场内平台有3%～5%的反坡,但排土场平台未修筑排水沟。
17	当排土场范围内有出水点时,必须在排土之前必须采取措施将水疏出。排土场底层应排弃大块岩石,并形成渗流通道。	《金属非金属矿山排土场安全生产规则》第7.3条	是	排土平台积水主要靠自然渗透,有积水时不排土。
18	汛期前应采取下列措施做好防汛工作:a、明确防汛安全生产责任制,建立紧急预案;b、疏浚排土场内外截洪沟;详细检查排洪系统的安全情况;c、备足抗洪抢险所需物资,落实应急救援措施;d、及时了解和掌握汛期水情和气象预报情况,确保排土场和下游泥石流拦挡坝道路、通讯、供电及照明线路可靠和畅通。	《金属非金属矿山排土场安全生产规则》第7.4条	否	公司备有编织袋、铁钎等抗洪抢险救援物资,未针对排土场建立紧急预案。
19	排土场稳定性安全检查的内容包括:排土参数、变形、裂缝、底鼓、滑坡等。	《金属非金属矿山排土场安全生产规则》第9.1.1条	否	《排土场检查表》中未规定对排土参数的检查。
20	检查排土参数。	《金属非金属矿山排土场安全生产规则》第9.1.2条	否	检查中未对排土参数进行测量。

续表

序号	检查内容	检查依据	是否符合要求	备注
21	检查排土场滑坡。排土场滑坡时应检查滑坡位置、范围、形态和滑坡的动态趋势以及成因。	《金属非金属矿山排土场安全生产规则》第9.1.3条	否	《排土场检查表》中有滑坡检查一项,但未明确规定具体检查内容。
22	排土场排水构筑物与防洪安全检查。	《金属非金属矿山排土场安全生产规则》第9.2条	是	排土场汛期防洪设施检查2次/周。

由表5-10的检查项目可以看出,某公司针对停用尾矿库上改建排土场工程,在安全管理方面做到了以下几点:

(1)公司针对排土场安全管理制定了目标管理制度、安全生产责任制、安全操作规程、安全检查制度等管理制度。

(2)对排土作业进行管理,包括在排土作业面有专人指挥、排土线呈直线整体推进、排土工作面设有反坡、恶劣天气停止排土作业、对汽车进入排土场的限速要求和倒车限速要求、推土机作业要求、设置照明设施、进行日常安全检查等。

(3)排土场周围修筑排水设施,汛期前准备了应急物资,汛期增强检查力度。

对于排土场的安全管理,公司已经做了相当数量的工作,但仍有以下方面需要进一步落实或改进:

(1)在安全检查方面,对排土参数的检查应明确测量内容。

(2)在排土作业管理方面,应设置安全车挡、设置限速牌等安全标志牌,按照可研设计要求安装照明装置。

(3)在应急管理方面,排土作业区配备应急工具,建议建立排土场专项应急预案并演练。

(4)在排水设施建设方面,按照设计要求修建排水沟。

第6章　安全对策措施及建议

根据某公司停用尾矿库上改建排土场工程的主要危险、有害因素辨识及分析，排土场存在的主要危险、有害因素包括废石场地震失稳和尾砂地震液化、因在停用尾矿库上改建排土场而存在的危险有害因素、边坡失稳、排土场洪水溃坡和泥石流、山体滑坡等。此外，还存在高处坠落、车辆伤害、滚石事故及粉尘危害等其他危险、有害因素。

根据对排土场地面总体布局、建设项目法律法规程序符合性、尾矿库闭库工程质量、排土场地基稳定性、尾矿库固结程度及对排土场稳定性影响、排土场边坡稳定性、防洪安全、排土场安全管理现状等单元的论证，建议某公司针对排土场安全管理进一步采取和完善以下安全对策措施，以保证排土场今后的长期稳定。

6.1　安全技术对策措施

(1)今后排土场应严格按照“三同时”的要求运行。

(2)排土作业至最终标高的1/2和最终标高时，应进行排土场结构及尾矿库基础稳定性物探，准确掌握基础的安全程度。

(3)目前在排土场周围已修建部分排水沟，但未形成环绕排土场的局面。应严格按照可研中的设计规格要求，修建排土场的排水网络。

(4)目前已有台阶平台出现裂缝现象和边坡塌落现象，且一部分台阶未进行护坡，应对各台阶边坡护坡加固处理。

(5)排土场下游紧邻村庄，应高度重视排土场运行安全。

(6)日常检查中，应关注1#、2#尾矿库包括溢水塔在内排水系统上覆排土场部位的位移和沉降情况，并做好安全性判断。

(7)加强排土场作业现场管理，完善排土土挡的高度和宽度，保证排土作业车辆安全，同时加强排土作业管理。

(8)对于排土场高边坡暴雨时人员和设备应当避开，暴雨后排土场稳定前停止排土作业，下游可能产生滑坡的范围内禁止人员进入。

(9)排土场达到设计终了状态后，应严格按照设计的复垦规划，进行覆土和种植植被。对排土场起到封土固坡的作用。一方面可以预防排土场扬尘和水土流失，另一方面植被除了具有阻止雨水往内部渗透的作用外，本身还能吸收大量水分。

(10)应设置位移观测设施，进行变形和位移观测。组织专业人员，建立观测点，对排土场边坡的沉降变形和位移进行定期的观测，对不同高度的形变特点，规律及时地提出预报。

(11)排土场应通过定期排洪系统隐患排查和整改，确保排洪系统能够正常运行，从而满足排土场排除最大洪峰流量的要求。

(12)应定期监测下游渗透水量和地下水位的变化，以避免对下游居民的影响，如发现水位增高，应尽早采取措施。

(13)为加强边坡稳定，应在永久边坡外围排放大粒岩石。

6.2 安全管理对策措施

(1)新《中华人民共和国安全生产法》第三十七条规定，生产经营单位对重大危险源应当登记建档，进行定期检测、评估、监控，并制定应急预案，告知从业人员和相关人员在紧急情况下应当采取的应急措施。生产经营单位应当按照国家有关规定将本单位重大危险源及有关安全措施、应急措施报有关地方人民政府负责安全生产监督管理的部门和有关部门备案。吉林某公司尾矿库上改建的排土场可参照重大危险源进行管理，应满足《中华人民共和国安全生产法》第三十七条的规定。

(2)应制定和完善排土场《事故应急救援预案》，要明确应急管理责任，明确事故或紧急状态下的避灾、救灾措施和处置程序，组织相关人员进行培训和演练，特别是须联合当地镇政府及当地居民进行排土场事故应急救援预案的演练，并根据演练情况补充完善事故应急救援预案。完善后的预案按有关规定报政府相关职能部门备案。

(3)设计单位未出具正式初步设计安全专篇，考虑到该资料的重要性，建议设计单位补充排土场运行安全如何保证的报告，作为今后排土场运行的依据。

(4)制定排土场日常巡检及出水点检查制度，并做好记录。

(5)由于该排土场的特殊性，应纳入重大危险源来管理。

(6)建立并落实排土场安全生产责任制，加强排土场排土参数、变形、裂缝、底鼓、滑坡等安全稳定性分析，及时发现并消除排土场安全生产隐患。

(7)加强排土场作业管理安全检查

排土场作业管理安全检查内容要全面，包括：排土参数、变形、裂缝、底鼓、滑坡等。

①排土参数检查：

(a)测量排土场段高、排土线长度，测量精度按生产测量精度要求。实测的排土参数应不超过设计的参数，特殊地段应检查是否有相应的措施。

(b)测量排土场的反坡坡度，每 100 m 不少于 2 条剖面，测量精度按生产测量精度要求。

(c)测量排土场安全车挡的底宽、顶宽和高度。实测的安全车挡的参数应符合不同型号汽车的安全车挡要求。

(d)检查排土场变形、裂缝情况。排土场出现不均匀沉降、裂缝时，应查明沉降量，裂缝的长度、宽度、走向等，并判断危害程度。

(e)检查排土场地基是否隆起。排土场地面出现隆起、裂缝时，应查明范围和隆起高度等，判断危害程度。

②检查排土场滑塌。排土场发生滑塌时，应检查滑塌位置、范围、形态和滑塌的动态趋势及成因。

③检查排土场坡脚外围滚石安全距离范围内是否有建(构)筑物和道路，是否有耕地等，是否在该范围内从事非生产活动。

④检查排土场周边环境是否存在危及排土场安全运行的因素。

(8)排土场安全设施应配备齐全

应补充配备的安全设施主要包括：①钢丝绳和大卸扣，保证配备数量和质量；②照明设施按设计要求设置；③安全警示标志牌、灭火器等。

(9)春、秋季风季节排放废石工作面附近应适当洒水，减少扬尘；废石场的工作人员、管理人员应统一佩戴口罩等个体卫生防护用品，防止吸入过量粉尘对人身造成伤害。

(10)废石排放过程中，滚落的废石可能对下方的机械设备及操作管理人员造成伤害。应加强废石场现场作业的合理规划、科学管理，采用多种手段提高作业人员的安全意识。

(11)在排土作业管理方面，应设置安全车挡，设置限速牌等安全标志牌，按照可研设计要求安装照明装置。

(12)在排土场下游区应增设禁入的警示牌，禁止无关人员进入排土场范围内。

第7章 结 论

在吉林省某公司的委托下，中国安全生产科学研究院对该公司停用尾矿库上改建排土场工程进行了安全技术论证研究工作。项目组在仔细进行现场检查和分析某公司提供的相关资料的基础上，对排土场地面总体布局、建设项目法律法规程序符合性、尾矿库闭库工程质量、排土场地基稳定性、尾矿库固结程度及对排土场稳定性影响、排土场边坡稳定性、排土场防洪安全、排土场安全管理现状等方面进行了全面的论证。

经分析论证，某公司在停用尾矿库上改建的排土场可参照重大危险源来管理。根据尾矿库的主要危险、有害因素辨识及分析，尾矿库存在的主要危险、有害因素有地震失稳和尾砂地震液化、因在停用尾矿库上改建排土场而存在的危险有害因素、排土场边坡失稳、排土场洪水溃坡和泥石流、山体滑坡、排土场与周围村庄地理位置关系等。此外，还存在高处坠落、车辆伤害、滚石事故及粉尘危害等其他危险、有害因素。

根据分析和技术论证，可以得出如下结论：

(1)通过地面总体布局单元分析论证发现，尽管排土场位置选择主要考虑了尾矿库本身土地综合利用，但排土场工程地质、水文地质较简单，主要受下覆尾矿库影响，排土场紧邻居民区，应确保排土场安全万无一失。

(2)在建设项目法律法规程序符合性方面，企业在尾矿库重新启用改建排土场工作中未严格按照“三同时”要求进行，但安全监管部门、企业高度重视安全生产工作，本着对安全生产高度负责的原则，委托第三方对该排土场的安全性进行全面技术论证，以寻求科学合理的监管对策。

(3)在原尾矿库闭库工程施工质量方面，其尾矿库闭库工程中隐蔽工程施工质量能够满足规范及设计要求，具有完备的经监理和企业确认的隐蔽工程记录。对于闭库工程中的其他各单项工程，企业能够按照闭库设计要求组织施工完成闭库工程。

(4)在排土场地基稳定性方面，以该尾矿库作为排土场基础，应给予高度重视。定性分析认为尾矿库本身的固结程度、尾矿物理学性质及尾矿坝坝体型式是决定排土场是否稳定的三个关键问题。

(5)根据现场勘探资料分析，原1#、2#尾矿库部分区域仍有部分尾矿尚未固结，废石堆积松散，企业应加强排土场碾压夯实，增强密实度，减少排土场的薄弱环节。今后企业应定期探测尾矿库固结程度，加强对排土场变形和沉降的观测和安全分析。

(6)现状排土场边坡和终了状态下按现状坡比边坡安全系数符合《有色金属矿山排土场设计规范》(GB 50421—2007)中的边坡稳定系数要求，企业应严格按照设计坡比进行施工。

(7)该排土场排洪系统设计的防洪能力满足该排土场的安全运行要求。企业应严格按照可研中堆场排水设施设计要求修建排土场排水网络。

(8)在排土场安全管理方面有需改进之处。在安全检查中，应明确各排土参数的检查内容。在排土作业管理方面，应设置安全车挡、设置限速牌等安全标志牌。做好排土场的日常巡检、定期进行位移和变形观测。

项目组经过认真分析和技术论证认为，某公司停用尾矿库上改建排土场工程整体设计方案可行，设计单位应补充排土场运行参数及运行安全对策措施，在企业严格落实设计单位要求的情况下，某公司停用尾矿库上改建排土场工程是可行的。企业应落实本书提出的安全对策措施，确保今后排土场的安全。

附录 尾矿库安全监督管理规定

第一章 总 则

第一条 为了预防和减少尾矿库生产安全事故，保障人民群众生命和财产安全，根据《安全生产法》、《矿山安全法》等有关法律、行政法规，制定本规定。

第二条 尾矿库的建设、运行、回采、闭库及其安全管理与监督工作，适用本规定。

核工业矿山尾矿库、电厂灰渣库的安全监督管理工作，不适用本规定。

第三条 尾矿库建设、运行、回采、闭库的安全技术要求以及尾矿库等别划分标准，按照《尾矿库安全技术规程》(AQ 2006—2005)执行。

第四条 尾矿库生产经营单位(以下简称生产经营单位)应当建立健全尾矿库安全生产责任制，建立健全安全生产规章制度和安全技术操作规程，对尾矿库实施有效的安全管理。

第五条 生产经营单位应当保证尾矿库具备安全生产条件所必需的资金投入，建立相应的安全管理机构或者配备相应的安全管理人员、专业技术人员。

第六条 生产经营单位主要负责人和安全管理人员应当依照有关规定经培训考核合格并取得安全资格证书后，方可任职。

直接从事尾矿库放矿、筑坝、巡坝、排洪和排渗设施操作的作业人员必须取得特种作业操作证书，方可上岗作业。

第七条 国家安全生产监督管理总局负责对国务院或者国务院有关部门审批、核准、备案的尾矿库建设项目进行安全设施设计审查和竣工验收。

前款规定以外的其他尾矿库建设项目安全设施设计审查和竣工验收，由省级安全生产监督管理部门按照分级管理的原则作出规定。

尾矿库日常安全生产监督管理工作，实行分级负责、属地监管原则，由省级安全生产监督管理部门结合本行政区域实际制定具体规定，报国家安全生产监督管理总局备案。

第八条 鼓励生产经营单位应用尾矿库在线监测、尾矿充填、干式排尾、尾矿综合利用等先进适用技术。

一等、二等、三等尾矿库应当安装在线监测系统。

鼓励生产经营单位将尾矿回采再利用后进行回填。

第二章 尾矿库建设

第九条 尾矿库建设项目包括新建、改建、扩建以及回采、闭库的尾矿库建设工程。

尾矿库建设项目安全设施设计审查与竣工验收应当符合有关法律、行政法规及《非煤矿矿山建设项目安全设施设计审查与竣工验收办法》的规定。

第十条 尾矿库的勘察单位应当具有矿山工程或者岩土工程类勘察资质。设计单位应当具有金属非金属矿山工程设计资质。安全评价单位应当具有尾矿库评价资质。施工单位应当具有矿山工程施工资质。施工监理单位应当具有矿山工程监理资质。

尾矿库的勘察、设计、安全评价、施工、监理等单位除符合前款规定外，还应当按照尾矿库的等别符合下列规定：

（一）一等、二等、三等尾矿库建设项目，其勘察、设计、安全评价、监理单位具有甲级资质，施工单位具有总承包一级或者特级资质；

（二）四等、五等尾矿库建设项目，其勘察、设计、安全评价、监理单位具有乙级或者乙级以上资质，施工单位具有总承包三级或者三级以上资质，或者专业承包一级、二级资质。

第十一条 尾矿库建设项目初步设计应当包括安全设施设计，并编制安全专篇。安全专篇应当对尾矿库库址及尾矿坝稳定性、尾矿库防洪能力、排洪设施和安全观测设施的可靠性进行充分论证。

第十二条 尾矿库库址应当由设计单位根据库容、坝高、库区地形条件、水文地质、气象、下游居民区和重要工业构筑物等情况，经科学论证后，合理确定。

第十三条 尾矿库建设项目应当进行安全设施设计并经安全生产监督管理部门审查批准后方可施工。无安全设施设计或者安全设施设计未经审查批准的，不得施工。

严禁未经设计并审查批准擅自加高尾矿库坝体。

第十四条 尾矿库施工应当执行有关法律、行政法规和国家标准、行业标准的规定，严格按照设计施工，确保工程质量，并做好施工记录。

生产经营单位应当建立尾矿库工程档案和日常管理档案，特别是隐蔽工程档案、安全检查档案和隐患排查治理档案，并长期保存。

第十五条 施工中需要对设计进行局部修改的，应当经原设计单位同意；对涉及尾矿库库址、等别、排洪方式、尾矿坝坝型等重大设计变更的，应当报原审批部门批准。

第十六条 尾矿库建设项目安全设施试运行应当向安全生产监督管理部门备案，试运行时间不得超过 6 个月，且尾砂排放不得超过初期坝坝顶标高。试运行结束后，应当向安全生产监督管理部门申请安全设施竣工验收。

第十七条 尾矿库建设项目安全设施经安全生产监督管理部门验收合格后，生产经营单位应当及时按照《非煤矿矿山企业安全生产许可证实施办法》的有关规定，申请尾矿库安全生产许可证。未依法取得安全生产许可证的尾矿库，不得投入生产运行。

生产经营单位在申请尾矿库安全生产许可证时，对于验收申请时已提交的符合颁证条件的文件、资料可以不再提交；安全生产监督管理部门在审核颁发安全生产许可证时，可以不再审查。

第三章　尾矿库运行

第十八条 对生产运行的尾矿库，未经技术论证和安全生产监督管理部门的批准，任何单位和个人不得对下列事项进行变更：

（一）筑坝方式；

（二）排放方式；

（三）尾矿物化特性；

（四）坝型、坝外坡坡比、最终堆积标高和最终坝轴线的位置；

（五）坝体防渗、排渗及反滤层的设置；

（六）排洪系统的型式、布置及尺寸；

（七）设计以外的尾矿、废料或者废水进库等。

第十九条 尾矿库应当每三年至少进行一次安全现状评价。安全现状评价应当符合国家标准或者行业标准的要求。

尾矿库安全现状评价工作应当有能够进行尾矿坝稳定性验算、尾矿库水文计算、构筑物计算的专业技术人员参加。

上游式尾矿坝堆积至二分之一至三分之二最终设计坝高时，应当对坝体进行一次全面勘察，并进行稳定性专项评价。

第二十条 尾矿库经安全现状评价或者专家论证被确定为危库、险库和病库的，生产经营单位应当分别采取下列措施：

（一）确定为危库的，应当立即停产，进行抢险，并向尾矿库所在地县级人民政府、安全生产监督管理部门和上级主管单位报告；

（二）确定为险库的，应当立即停产，在限定的时间内消除险情，并向尾矿库所在地县级人民政府、安全生产监督管理部门和上级主管单位报告；

（三）确定为病库的，应当在限定的时间内按照正常库标准进行整治，消除事故隐患。

第二十一条 生产经营单位应当建立健全防汛责任制，实施24小时监测监控和值班值守，并针对可能发生的垮坝、漫顶、排洪设施损毁等生产安全事故和影响尾矿库运行的洪水、泥石流、山体滑坡、地震等重大险情制定并及时修订应急救援预案，配备必要的应急救援器材、设备，放置在便于应急时使用的地方。

应急预案应当按照规定报相应的安全生产监督管理部门备案，并每年至少进行一次演练。

第二十二条 生产经营单位应当编制尾矿库年度、季度作业计划，严格按照作业计划生产运行，做好记录并长期保存。

第二十三条 生产经营单位应当建立尾矿库事故隐患排查治理制度，按照本规定和《尾矿库安全技术规程》的规定，定期组织尾矿库专项检查，对发现的事故隐患及时进行治理，并建立隐患排查治理档案。

第二十四条 尾矿库出现下列重大险情之一的，生产经营单位应当按照安全监管权限和职责立即报告当地县级安全生产监督管理部门和人民政府，并启动应急预案，进行抢险：

（一）坝体出现严重的管涌、流土等现象的；

（二）坝体出现严重裂缝、坍塌和滑动迹象的；

（三）库内水位超过限制的最高洪水位的；

（四）在用排水井倒塌或者排水管（洞）坍塌堵塞的；

（五）其他危及尾矿库安全的重大险情。

第二十五条 尾矿库发生坝体坍塌、洪水漫顶等事故时，生产经营单位应当立即启动应急预案，进行抢险，防止事故扩大，避免和减少人员伤亡及财产损失，并立即报告当地县级安全生产监督管理部门和人民政府。

第二十六条 未经生产经营单位进行技术论证并同意，以及尾矿库建设项目安全设施设计原审批部门批准，任何单位和个人不得在库区从事爆破、采砂、地下采矿等危害尾矿库安全的作业。

第四章　尾矿库回采和闭库

第二十七条　尾矿回采再利用工程应当进行回采勘察、安全预评价和回采设计，回采设计应当包括安全设施设计，并编制安全专篇。

安全预评价报告应当向安全生产监督管理部门备案。回采安全设施设计应当报安全生产监督管理部门审查批准。

生产经营单位应当按照回采设计实施尾矿回采，并在尾矿回采期间进行日常安全管理和检查，防止尾矿回采作业对尾矿坝安全造成影响。

尾矿全部回采后不再进行排尾作业的，生产经营单位应当及时报安全生产监督管理部门履行尾矿库注销手续。具体办法由省级安全生产监督管理部门制定。

第二十八条　尾矿库运行到设计最终标高或者不再进行排尾作业的，应当在一年内完成闭库。特殊情况不能按期完成闭库的，应当报经相应的安全生产监督管理部门同意后方可延期，但延长期限不得超过6个月。

库容小于10万立方米且总坝高低于10米的小型尾矿库闭库程序，由省级安全生产监督管理部门根据本地实际制定。

第二十九条　尾矿库运行到设计最终标高的前12个月内，生产经营单位应当进行闭库前的安全现状评价和闭库设计，闭库设计应当包括安全设施设计，并编制安全专篇。

闭库安全设施设计应当经有关安全生产监督管理部门审查批准。

第三十条　生产经营单位申请尾矿库闭库工程安全设施验收，应当具备下列条件：

（一）尾矿库已停止使用；

（二）闭库前的安全现状评价报告已报有关安全生产监督管理部门备案；

（三）尾矿库闭库工程安全设施设计已经有关安全生产监督管理部门审查批准；

（四）有完备的闭库工程安全设施施工记录、竣工报告、竣工图和施工监理报告等；

（五）法律、行政法规和国家标准、行业标准规定的其他条件。

第三十一条　生产经营单位向安全生产监督管理部门提交尾矿库闭库工程安全设施验收申请报告，应当包括下列内容及资料：

（一）尾矿库库址所在行政区域位置、占地面积及尾矿库下游村庄、居民等情况；

（二）尾矿库建设和运行时间以及在建设和运行中曾经出现过的重大问题及其处理措施；

（三）尾矿库主要技术参数，包括初期坝结构、筑坝材料、堆坝方式、坝高、总库容、尾矿坝外坡坡比、尾矿粒度、尾矿堆积量、防洪排水型式等；

（四）闭库工程安全设施设计及审批文件；

（五）闭库工程安全设施设计的主要工程措施和闭库工程施工概况；

（六）闭库工程安全验收评价报告；

（七）闭库工程安全设施竣工报告及竣工图；

（八）施工监理报告；

（九）其他相关资料。

第三十二条　尾矿库闭库工作及闭库后的安全管理由原生产经营单位负责。对解散或者关闭破产的生产经营单位，其已关闭或者废弃的尾矿库的管理工作，由生产经营单位出资人或其上级主管单位负责；无上级主管单位或者出资人不明确的，由安全生产监督管理部门提请县级以上人民政府指定管理单位。

第五章 监督管理

第三十三条 安全生产监督管理部门应当严格按照有关法律、行政法规、国家标准、行业标准以及本规定要求和“分级属地”的原则，进行尾矿库建设项目安全设施设计审查、竣工验收和闭库工程安全设施验收；不符合规定条件的，不得批准或者通过验收。进行审查或者验收，不得收取费用。

第三十四条 安全生产监督管理部门应当建立本行政区域内尾矿库安全生产监督检查档案，记录监督检查结果、生产安全事故及违法行为查处等情况。

第三十五条 安全生产监督管理部门应当加强对尾矿库生产经营单位安全生产的监督检查，对检查中发现的事故隐患和违法违规生产行为，依法作出处理。

第三十六条 安全生产监督管理部门应当建立尾矿库安全生产举报制度，公开举报电话、信箱或者电子邮件地址，受理有关举报；对受理的举报，应当认真调查核实；经查证属实的，应当依法作出处理。

第三十七条 安全生产监督管理部门应当加强本行政区域内生产经营单位应急预案的备案管理，并将尾矿库事故应急救援纳入地方各级人民政府应急救援体系。

第六章 法律责任

第三十八条 安全生产监督管理部门的工作人员，未依法履行尾矿库安全监督管理职责的，依照有关规定给予行政处分。

第三十九条 生产经营单位或者尾矿库管理单位违反本规定第八条第二款、第十九条、第二十条、第二十一条、第二十二条、第二十三条、第二十四条、第二十六条、第二十九条第一款规定的，给予警告，并处 1 万元以上 3 万元以下的罚款；对主管人员和直接责任人员由其所在单位或者上级主管单位给予行政处分；构成犯罪的，依法追究刑事责任。

第四十条 生产经营单位或者尾矿库管理单位违反本规定第十八条规定的，给予警告，并处 3 万元的罚款；情节严重的，依法责令停产整顿或者提请县级以上地方人民政府按照规定权限予以关闭。

第四十一条 生产经营单位违反本规定第二十八条第一款规定不主动实施闭库的，给予警告，并处 3 万元的罚款。

第四十二条 本规定规定的行政处罚由安全生产监督管理部门决定。

法律、行政法规对行政处罚决定机关和处罚种类、幅度另有规定的，依照其规定。

第七章 附 则

第四十三条 本规定自 2011 年 7 月 1 日起施行。国家安全生产监督管理总局 2006 年公布的《尾矿库安全监督管理规定》(国家安全生产监督管理总局令第 6 号)同时废止。

作者简介

李全明

男，中国安全生产科学研究院教授级高级工程师。全国安全生产标准化委员会非煤矿山分委会副秘书长，国家安全生产专家，北京市安全生产尾矿库专家，山东理工大学、华北科技学院、首都经济贸易大学兼职教授。近年来主要从事尾矿库工程和岩土工程安全评价、隐患治理及监测预警领域研究工作。发表论文 50 余篇，授权专利 5 项，获得省部级科技进步奖 7 项。

赵 祎

女，中国安全生产科学研究院工程师，毕业于首都经济贸易大学安全技术及工程专业。主要从事非煤矿山和尾矿库安全评价、隐患治理及监测预警领域研究工作。

李 钢

男，中国安全生产科学研究院高级工程师，北京中安科创科技发展有限公司副总经理。近年来主要从事非煤矿山和尾矿库工程安全评价、隐患治理研究工作。发表论文 20 余篇。

李 倩

女，中国安全生产科学研究院工程师，毕业于北京科技大学安全技术及工程专业。现长期从事非煤矿山、尾矿库安全咨询及隐患治理研究工作。